第四階段

口語應用問題教材

盧台華◆著

■ 作者簡介 ■

盧台華

現職：國立台灣師範大學特殊教育系教授

學歷：國立政治大學教育系文學學士

美國奧勒岡大學特殊教育系教育碩士

美國奧勒岡大學特殊教育系哲學博士

經歷：台北市立明倫國中特殊教育教師、兼任組長

國立台灣師範大學特殊教育中心助理研究員、兼任組長

國立台灣師範大學特殊教育系副教授

專長：特殊教育課程與教學

智能障礙教育

學習障礙教育

資賦優異教育

近五年間主要專書著作：

Chen, Y. H., & Lu, T. H.(1994). Special education in Taiwan, ROC. In M. Winzer, & K. Mazurek,(Eds.). *Comparative studies in special education*. p.238-259. Washington, D.C.: Galludet University.

盧台華等譯（1994）**管教孩子的16高招——行爲改變技術實用手冊**（第一冊、第二冊、第三冊），台北：心理出版社。

盧台華（1995）資優教育教學模式之選擇與應用，載於**開創資優教育的新世紀**，中華民國特殊教育學會，105-121頁。

盧台華（1995）教學篇。載於**國小啓智教育教師工作手冊**。國立台北師範學院特殊教育中心。

盧台華（1995）**修訂基礎編序教材相關因素探討及對身心障礙者應用成效之比較研究**。台北：心理出版社。

盧台華（1998）身心障礙學生課程教材之研究與應用。載於**身心障礙教育研討會會議實錄**。國立台灣師範大學特殊教育系。

盧台華（1998）特定族群資優學生之鑑定，載於**慶祝資優教育成立二十五週年研討會論文專輯**。中華民國特殊教育學會。

盧台華（2000）身心障礙資優生身心特質之探討。載於**資優教育的全方位發展**。台北：心理出版社。

盧台華（2000）國小統整教育教學模式學習環境之建立與應用。載於**資優教育的全方位發展**。台北：心理出版社。

■自 序■

數學可分為純數學與真實生活的數學兩部分。以應用問題「10 英吋的木塊可以切割成幾塊 2 英吋大小的木塊？」為例，純數學的答案是 5 塊，但在真實生活中卻只能切割成 4 塊，剩下的一塊會因切割過程木屑的損失而不到 2 英吋。前者多半出現在一般發展性的課程中，後者則為功能性課程，或稱實用數學。對數學學習困難的學生而言，未來能從事以純數學為基礎發展的生涯可能相當有限，因此能有效解決日常生活問題的功能性或真實生活的數學對其可能更形重要。且在即將全面實施之「九年一貫課程」的精神與內涵上，亦強調將各科課程統整應用於實際生活中。本套教材即為採功能性與真實生活數學的課程，以教導日常生活中的數學概念與應用問題為主，頗為符合一般兒童與特殊兒童的需要。

本教材的前身為師大特殊教育中心在民國七十七年參考八〇年代美國風行的「Project Math」編訂出版之「基礎數學概念編序教材」。後因教材已無存量然需求甚殷，筆者在民國八十三年起又作了更大幅度的修正，以符合國內的生態，並增加了「口語應用問題教材」。在「基礎數學概念編序教材」部分係採用「多元選擇課程」方式，不但提供了十六種不同的教師與學生互動之教學型態，更融合了數學概念、運算技巧和社會成長的數學教學目標為一體，可適用於幼稚園至國小六年級的學生及心齡四歲至十二歲的智障、學障、情障或其他類別障礙與普通之學生。整套概念教材包括教師手冊、評量表、教材、作業單四部分並分成四個階段，以採用非紙筆測驗的方式評量學生對概念與技巧的了解及應用程度，更將評量與教學內容緊密的結合在一起，頗符合「形成性評量」與「課程本位評量」的教學原則。「口語應用問題教材」部分則搭配概念教材的難易結構分為四個階段，以日常生活間數學常出現之方式提供各類問題，並融入語文、生活教育、社會適應、休閒教育與職業生活等領域相關的內涵，除著重解題歷程與學習策略的教導外，對統整課程與實際應用數學的技巧有相當之助益。

本教材之修訂歷經了七年，除有鄭雪珠、史習樂、楊美玉、單無雙、韓梅玉、洪美連與張美都等資深優良的特教教師與認真負責的研究助理周怡雯的熱忱參與初期修訂外，之後又有許多本人教導過的大學部與碩士班學生繼續參與修訂的工作。最近一年間本人並將所有內容重新再整理，將其中與現況不合、文筆不一與部分錯誤再加以增刪與修訂。此外，「基礎數學概念編序教材」部分曾經本人實驗應用於智障、學障、聽障等十九所國中小特殊需求學生一年，而「口語應用問題教材」亦經本人指導洪美連老師實際應用於聽障國小生部分半年，成效均相當良好，使本人更有信心將此套教材出版。

在教材即將出版之際，除特別感謝曾經參與編輯、實驗等人員與邱上真教授對初稿審查付諸之心力外，並謹向教育部與國科會資助使本教材能更臻完善致謝，同時要向一直殷切等待教材出版的特殊教育教師與伙伴們致上最深之歉意，但願本套教材能成為各位最佳之教學參考。

盧台華謹識

民國九十年八月

■目　錄■

使用說明　001

教材單元　011

附錄

使用說明

壹、口語應用問題教材簡介

本教材「口語應用問題教材」單元是為統整「基礎數學概念編序教材」課程中各階段的概念。教材內容依編序方式安排設計，強調採生動活潑化的教材教法與具體化經驗的方式，以提供學生將數學概念之學習應用於解決問題的活動中，俾克服兒童對數學概念、計算與應用的學習困難。

本套教材適用於學前至小學六年級的各類特殊需求學生，亦可做為一般數學應用問題教學的補充教材。教材內容共分成四個階段，各階段適用之年齡與年級如表一所列。第一階段與第二階段的重點在於利用生動活潑而富吸引力的故事圖片，呈現有關的數學應用問題，透過實際操作與理解數學問題之活動，俾利解決各種應用問題，並訓練兒童對回答有關量的問題所需要的重要常識或訊息加以注意，培養兒童的閱讀能力，以為日後學習之基礎。第三階段與第四階段則教導如何解答書寫性與文字性的數學應用問題，並提供各種不同語彙程度且與生活經驗和社交技巧有關的文字應用問題練習與選擇的機會，以協助兒童解決數學的問題。

表一　口語數學應用問題各階段適用的年齡一覽表

階段別	相當心理年齡	相當年級
一	4～6 歲	學前～1
二	6～8 歲	1～2
三	8～10 歲	3～4
四	10～12 歲	5～6

口語應用數學問題的解決不只是問題解決的一種類型，更是特殊需求兒童數學解題教育中不可或缺的一環，因此教師在教學時可針對本教

材內容架構加以擴充，依據學生的個別狀況與學習經驗彈性調整教學活動，透過各種不同的教材及活動實施，俾使學生能藉由多元化的教學方式學習正確解決數學問題的方法，進一步將所學的概念有效應用於真實生活中，以達到問題解決、推理和溝通的功能。

貳、教材內容

㈠單元組織

第四階段的口語應用問題共有 192 個單元，其中，每個單元的答案欄印在數學問題的下面。

此階段單元活動的排列均依據計算技能、閱讀的難易程度、各種訊息呈現的種類以及主題類型等的不同加以組合，形成單元教學的呈現與教學順序。附錄 1 是針對分析各階段特點所整理出的單元組織一覽表，教師可由此處得知各單元之學習目標與特性，進而判斷、選擇各類不同的單元，以利教學順利進行。例如：單元 21 是二位數加法不進位的計算，閱讀的難易程度屬於較複雜的程度，單元中的問題是以故事的方式呈現，而問題的主題則是不包含金錢使用範圍的各類問題。茲分別說明單元組織特性如下：

1.活動單元的類型

⑴段落式應用問題

此類型的每個問題都是一個獨立的段落，需單獨計算並解決問題，如附錄 2。

⑵故事式應用問題

此類型的各種訊息都呈現在包含兩段或更多段落所敘述的一個統整之故事情節中。當讀者讀完整個故事時，即需針對故事中的各種訊息，仔細分析其相關的數學問題，並加以解決之，如附錄3。

⑶展示式應用問題

此類型的問題皆是以圖片展示之方式呈現，讀者必須解決每個相關之數學問題，並配合展示之圖片資料有效解決各應用問題，如附錄4。

2.閱讀難易程度

對許多學習第四階段口語應用問題教材的學生而言，他們的閱讀能力也許並不佳，因此本教材的應用問題有簡單與複雜兩種閱讀程度可以提供學生去閱讀，其中簡單的單元大約是二年級的閱讀程度，複雜的單元則大約在四年級的程度；所以老師在教學時應該要依學生的能力，判斷、選擇出適合的單元以教導個別的學生。

3.單元主題

本教材各單元的問題主要有「金錢」之主題以及非金錢領域的其他「各類」主題；教師進行本教材教學時務必把握盡量提供與問題解決相類似之情境的原則，俾使學生藉由具體經驗遷移至單元問題之學習，而能容易地學會解決各種有關之數學應用問題，並能類化於日常生活中。

㈡教材特色與教學策略

本教材強調數學應用問題的解決是一種訊息處理之活動，而不應僅著重在計算技能的練習而已，因此教師應著重了解並分析學生在解題過程中所出現的錯誤行為，針對各解題歷程評量結果，做為教學實施之參考依據。本套教材第四階段的各單元應用問題解決不僅可培養語言和認知之能力，亦可訓練學生選擇並運用正確訊息去解決問題之技能，其中包括處理多餘的訊息、重新組織問題情境的意義與順序、比較數量和金錢、完成問題的空格而成為完整的問題、處理否定和無意義的文字等。教師在教學過程中，唯有不斷觀察學生解題之表現，才能增進其有效解題之表現。以下分別說明各項問題解決技能之教學策略：

1. 多餘訊息

如下列例題一中，雖然此問題同時呈現出汽車與卡車，但是正確的答案卻只需要學生去注意汽車的數量；至於卡車的數量則是屬多餘之訊息，必須將它過濾掉。如果學生把三個數目都加起來，即表示他仍然不懂題意。此類問題的教學活動可如第一、二階段之教學，多利用圖片來實際操作練習，以訓練學生處理多餘訊息的能力。

【例題一】 小華星期日洗了24輛汽車和12輛卡車，他的哥哥大偉洗了6輛汽車，請問這兩個兄弟共洗了多少輛汽車？

另一種幫助學生處理多餘訊息的教學策略則是利用不定數量（一些、許多、很多……等）與圖片的結合，以減少學生分心之現象，俾利其專心思考並能過濾多餘之訊息，如以下例題二：

【例題二】 有這些女孩在這艘船上，
有這些小狗在這艘船上，
有這些男孩在這艘船上，
請問共有多少人在這艘船上？

第三種幫助學生處理多餘訊息的教學策略即是要求學生再重讀一次數學問題，思考並篩選出哪些訊息是需要的，哪些訊息是不需要的，並透過教師提醒與引導問題重點之所在，使學生更清楚題意。

2.組織事件的意義與順序

計算方式是學生經過判斷後所選擇的問題解決方法，不管使用哪一種方式來解題，兒童均必須對題意有所了解，對事件發生的順序也要有某種程度的認知技巧。如下列例題三所描述的事件先後順序與實際上整個事件之進行順序是平行的，學生必須能發現 375 個郵件已經隨著故事的發生而分成兩個部分，亦即 375 分成了「122」和「剩餘」的郵件，而題目的意思即是要找出其中的一個部分，學生必須使用減法才能算出剩餘的郵件：

【例題三】 今天郵差有 375 個郵件要送，到了中午的時候，郵差已經送出 122 個郵件，請問下午的時候，郵差還有多少個郵件必須送出去？

另一種問題事件之描述如下列例題四，與例題三不同的是，此類型題目所描述事件之發生先後順序正好與真正事件之先後順序相反，學生必須根據題意向前推理，找出事件發生之最開端，亦即學生必須能使用加法將分開的兩部分（253, 122）合起來，計算出原來的部分：

【例題四】 郵差在送完253個郵件之後，還有122個郵件必須送出去，請問郵差原來有多少個郵件要送？

此外，下列例題五的事件順序描述與例題三是相似的，亦即皆順著事情發生的先後來描述，而不同之處則是此題在故事的前面（或中間）部分漏失了某些訊息，而不像前面兩個例題是要找出最後所欠缺的部分。例題五的重要關鍵字是「總共」，暗示整個題目若以數字來表示是$\square + 3 = 9$，學生必須會使用減法算出空格部分；此時，教師可視情況所需在必要時指導學生利用數數、操作或改變加法式子而轉換成減法的句子……等方式，以幫助學生順利解決數學問題：

【例題五】 林老闆星期日有一些應酬，星期一也有3個應酬，這兩天他總共有9個應酬，請問林老闆星期日有幾個應酬呢？

3.比較數量與金錢

本教材提供許多與日常生活情境有關之「較多／較少」、「大於／小於」、「多於／少於」等數學問題，學生可藉此比較各種數量或金錢之多寡；教師亦應利用各種教法，依具體→半具體→抽象之學習順序引導學生真正有效解決問題，並多提供機會使其能類化於日常生活情境中。

4.完成空格

此類問題之形式有異於一般傳統的應用問題，學生如果要能正確回答問題，則必須根據上下文所提之各數量來加以判斷，才能選出適當的選項。在下列例題六中，學生必須能觀察出$6 + 4 = 10$的關係，注意到數字 3 只是造成分心之數字，然後再選出正確的選項，使整個問題敘述合理而完整。如果學生選「賣」而不是選「試穿」，表示學生已經可以注意到多餘的訊息，但是他對語言結構之完整性認知能力仍不夠，需再加強；如果選「買」一項，表示學生仍無法處理多餘的訊息，此時教師即必須有耐心地解釋題意，引導學生學習推理、判斷的能力。

【例題六】 小莉在衣服大拍賣時買了 6 件襯衫，（　）了 3 件裙子，買了 4 條長褲。小莉總共買了 10 件衣服。

①買　②賣　③試穿

5. 否定句問題

第四階段口語應用問題教材提供了許多讓學生處理表達否定意義訊息的數學問題解決之機會。一般而言，理解與解決否定意義之數學問題通常對某些學生而言相當困難，如果教師引導學生用另一種角度來思考問題，或鼓勵學生說出他們認為題目所要表達的意思，並了解學生對訊息理解之程度，將有助於解決這種類型的題目。下列為此類型之例題：

【例題七】 王先生在菜園裡種了 9 排玉米，後來他摘走 8 排玉米，請問有多少排玉米還沒被摘走？

【例題八】 王先生拔了 7 棵蔬菜要做沙拉，有 2 棵蔬菜是紅色的，4 棵是白色的，請問有多少棵蔬菜既不是紅色也不是白色的？

6. 無意義的故事情節

本教材有很多單元的問題敘述是無意義的句子，主要是為了讓學生在故事情節中練習找出問題的前後關係與重點所在，因此教師可以鼓勵學生利用畫圖或其他策略來解釋題目之意思，以幫助解題。

㈢教材的應用

1. 本階段各個單元的特色與組織如前所述，教師必須了解這些特色，充分利用教材組織一覽表以決定哪些單元適合使用。
2. 教師可以依學生、教室的情況來選擇小組或個別的教學方式，運用以上所述的各種教學策略來教導學生解決數學應用問題。
3. 教師可以影印單元題目給學生當作業單，當學生拿到題目時，必須在另一張紙或作業簿上寫出計算的過程和答案。
4. 各單元問題之答案印在問題的下面，教師可以依據學生之程度決定批改問題解答之方式；若學生程度較低，則建議由教師親自批閱其作業；若學生有能力自己檢討作答，為協助其獨立學習之能力，則建議允許學生自己核對答案。
5. 教師可將學生在第四階段各單元之學習成果記錄在附錄 5 表中，以整體比較、了解學生學習之效果。若通過題數達該單元總題數的 80 %以上者，即在記錄紙空白處打勾；若第二次始達 80 %標準者，則在空白處填寫通過日期。

教材單元

單元 1

上學天

1. 一位高個子的女孩在學校裡撿到 3 枝筆，另一位高個子的女孩在學校裡撿到 4 枝筆，還有一位（　　）女孩撿到 5 枝筆。所有高個子的女孩一共在學校裡撿到 7 枝筆。

   ①矮個子　②高個子　③找到

2. 英文老師有 2 頂咖啡色的帽子，音樂老師也有 1 頂咖啡色的帽子，另一位英文老師有 5 頂（　　）的帽子。所有的英文老師共有 2 頂咖啡色的帽子。

   ①咖啡色　②黑色　③帽子

3. 有一位女孩在她生日那天收到 2 本筆記本做為生日禮物，另一位女孩收到 4 本筆記本做為生日禮物，還有一位女孩的生日禮物是 3 本（　　）。所有女孩的生日禮物共有 9 本筆記本。

   ①精裝本　②筆記本　③火柴

4. 一位傷心的女孩帶了 1 枝藍色鉛筆上學，一位快樂的小女孩帶了 2 枝紅色鉛筆上學，另一位（　　）的小女孩帶了 7 枝綠色鉛筆上學。所有快樂的女孩共帶 9 枝鉛筆上學。

   ①傷心　②藍色　③快樂

5. 體育課時大家在玩足球遊戲。一個人踢進 2 球，另一人踢進 4 球，還有一人（　　）6 球。他們一共踢進 6 球。

   ①踢進　②接住　③球員

6. 校長按 2 次鈴，老師按 2 次鈴，另一位（　　）按 3 次鈴。所有老師共按 5 次鈴。

   ①學生　②校長　③老師

7. 上課時，一個男孩折斷 1 枝（　　），另一個男孩折斷 2 枝鉛筆，還有一個男孩折斷 2 枝鉛筆。所有男孩一共折斷 4 枝鉛筆。

①鉛筆　②男孩　③粉筆

8. 一位老師拿了 5 個盒子，另一位老師拿了 4 個盒子，第三位老師（　　）了 2 個盒子。他們一共拿了 9 個盒子。

①看見　②盒子　③拿

9. 一個男孩帶了 4 頂帽子到學校，另一個男孩帶了 5 頂帽子到學校，還有一個男孩（　　）2 頂帽子。他們一共帶了 9 頂帽子。

①拿走　②買了　③帶了

10. 學校裡有許多棒球隊。有一個球隊輸了 7 場比賽，另一球隊輸了 1 場比賽，還有一隊損失了 2 個（　　）。所有球隊一共輸了 8 場比賽。

①比賽　②勝利　③球員

答案：

1. ①	*2.* ②
3. ②	*4.* ③
5. ②	*6.* ③
7. ③	*8.* ①
9. ①	*10.* ③

單元 2

小明的麵包店

1. 小華到小明的麵包店買了 2 個蘇打小餅乾，小美也買了 7 個巧克力小餅乾，小玲買了 2 個小蛋糕，請問他們一共買了多少個小餅乾？
2. 小強正在試蛋糕的新製法，他需要 2 個盒子、9 個蛋和 3 條奶油，請問小強一共需要多少樣製作蛋糕的材料？
3. 一位婦人在麵包店裡吃了 6 個奶油泡芙，另一位男士吃了 5 個果醬甜甜圈，請問他們一共吃了多少點心？
4. 小明的派是世界上最好吃的了！星期一他賣了 5 個蘋果派、6 個草莓派，請問他一共賣了幾個派？
5. 一天早上，一群修理房子的工人到小明的麵包店裡吃早餐。一個木匠吃了 8 個小蛋糕，另一個木匠吃了 2 個小蛋糕，還有一個電工吃了 2 個小蛋糕。請問木匠們一共吃了多少小蛋糕？
6. 小棋和小梅訂了一個生日蛋糕。小棋希望蛋糕上有 4 朵糖霜做的玫瑰花，小梅希望有 3 個糖霜做的小熊。請問在蛋糕上一共有幾個裝飾的東西？
7. 有一天，小明很早就到店裡烤了 9 個蛋糕，他的助手小華也烤了 5 個蛋糕。請問他們共烤了幾個蛋糕？
8. 小胖為生日舞會買了一些東西。他買了 7 個蛋糕、9 根蠟燭和 6 個糕餅，請問他一共買了多少個點心？
9. 星期一小華烤了 8 個新鮮蛋糕來賣，小明認為還需要再多幾個，於是他們再烤了 3 個蛋糕，後來，小華又烤了 5 打蘇打小餅乾。現在小明一共有多少蛋糕可賣？
10. 林太太有時會做些特別的點心放在店裡賣。今天她做了 8 個牛肉三明治、5 個魚排三明治和 4 個冰淇淋蘇打。請問林太太一共做了多少個三明治？

11. 小華烤蛋糕時用了 7 個鍋子，小明做餅乾時用了 2 個平底鍋，小明的兒子小平必須洗這些髒容器。請問小平一共要洗幾個鍋子？

12. 小明、小華和小平都很喜歡林太太做的點心。小明吃了 2 個牛肉三明治，小華吃了 1 份冰淇淋蘇打，小平吃了一個牛肉三明治和 2 份冰淇淋蘇打。請問一共有幾份冰淇淋蘇打被吃掉？

答案： *1.* 9 個　　*2.* 12 個

3. 11 個　　*4.* 11 個

5. 10 個　　*6.* 7 個

7. 14 個　　*8.* 13 個

9. 11 個　　*10.* 13 個

11. 9個　　*12.* 3 份

單元3

棒球比賽

虎隊和狼隊兩支棒球隊正在比賽，這是場決定性的爭霸賽，誰贏了，誰就是城裡最好的球隊。

虎隊先攻，現在已經有兩人出局，兩人因四壞球保送上壘，狼隊投手顯得很輕鬆。虎隊下一個打擊手擊出一壘方向滾地球，狼隊一壘手未能接住，虎隊安全上壘，現在狼隊開始顯得焦急，因為對方滿壘。接著虎隊球員擊出漂亮的安打，三人奔回本壘，得三分。下一位球員被三振出局，結束一局上半的比賽。

現在是狼隊出場攻球，他們必須得一些分數。第一位球員上場，不幸被三振，第二位球員在二好球二壞球之後又來一個好球，看樣子狼隊已得分無望。第三位球員出場，他是本隊最強的打擊手。球賽繼續，現場是三壞球一好球。打擊手揮棒，擊出強勁三壘安打，漂亮！把他送上三壘。下一位球員擊出一壘安打，球員奔回本壘得一分。再下一位球員打出一支全壘打，兩人跑回本壘。現在比數是三比三，狼隊二人出局。接下來，二位球員分別上場揮出安打得到二分。最後有一位球員被三振出局，結束了一局下半的比賽。

1. 在一局上半比賽中，虎隊未擊出一壘安打之前，有幾個人未打出球？
2. 一局上半，虎隊有幾人出場打擊？
3. 一局下半，有多少人被三振出局？
4. 一局下半的比賽中，有多少人擊出安打？
5. 狼隊在第一局中得到幾分？
6. 第一局結束，虎、狼二隊共得幾分？

7. 第一局比賽結束時，成績是幾比幾？

8. 依你看，第一局比賽哪一隊表現較好（狼隊或虎隊）？為什麼？

答案：

1. 4 人	*2.* 7 人
3. 3 人	*4.* 5 人
5. 5 分	*6.* 8 分
7. 虎隊：狼隊為 3：5	8. 開放答案

單元 4

臨時工

大倫在放學後和星期天兼些臨時工。星期一、三、五他從下午 4 點工作到 6 點，星期二、四從下午 3 點工作到 6 點。星期六則從早上 10 點工作到下午 1 點。

大倫喜歡他的工作。他在藥店幫忙，有時候顧客打電話到店裡訂些貨，大倫就將這些東西送去，大倫的工作職稱叫做「送貨員」。大倫一星期的工作量大約如下：

星期一	送貨 3 次
星期二	送貨 5 次
星期三	送貨 2 次
星期四	送貨 6 次
星期五	送貨 3 次
星期六不送貨，在櫃檯收銀機旁收錢。	

大倫每小時工資 80 元，每週 1200 元。下面是他每週如何運用這些錢的情形：

700 元	伙食費
200 元	置裝費
100 元	儲蓄
200 元	娛樂費

1. 請利用上面的資料，將此表完成。

	工作時數	送貨次數
星期一	(1)	(7)
星期二	(2)	(8)
星期三	(3)	(9)
星期四	(4)	(10)
星期五	(5)	(11)
星期六	(6)	(12)

2. 大倫一星期工作多少小時？
3. 有一週，大倫星期一、星期二沒有去上班，星期三時他多做了一小時工作，那麼這週他共工作幾小時？
4. 每星期最後三天大倫要送幾次貨？
5. 大倫每週花在伙食及衣服上的費用是多少？
6. 大倫想每週多儲蓄 100 元，那麼每週他可存多少元？如果你是他，你會從哪一項目中存下這 100 元？為什麼？
7. 有一週，大倫花了 50 元買一雙手套，花 150 元看一場電影，花 200 元打保齡球，請問他這週的「娛樂」費用是多少？

答案：*1.* (*1*) 2　(7) 3

(*2*) 3　(*8*) 5

(*3*) 2　(*9*) 2

(*4*) 3　(*10*) 6

(*5*) 2　(*11*) 3

(*6*) 3　(*12*) 0

2. 15 小時　*3.* 11 小時　*4.* 9 次

5. 900 元　*6.* 200 元，開放答案　7. 350 元

單元 5

各種房屋

阿德的班上最近做了一項統計，依城內四條街上的住屋情形，做一項房子數目的調查。同時他們將結果做了一個圖表如下：

	第一街	第二街	第三街	第四街
一層別墅	2	4	6	1
二層別墅	1	2	0	0
三層別墅	2	1	0	3
公寓式樓房	3	0	0	5
三合院	0	4	2	0

1. 四條街上的三合院共有多少間？
2. 第一街上的別墅共有多少棟？
3. 第二街及第四街共有多少間公寓？
4. 如果有人在第二街上蓋了一棟新的三層別墅，那麼這四條街上三層別墅的總數是多少間？
5. 在第三街上的別墅和三合院共有多少間？
6. 在第一街上不是別墅的住屋有多少間？
7. 第一街上，有多少間不是一層樓的別墅？
8. 第四街上，不是一層樓也不是二層樓的別墅有多少間？
9. 不是在第一街和第二街上的一層別墅有多少間？

答案：*1.* 6 間　*2.* 5 棟　*3.* 5 間

4. 7 間　*5.* 8 間　*6.* 3 間

7. 3 間　*8.* 3 間　*9.* 7 間

單元 6

小菜園

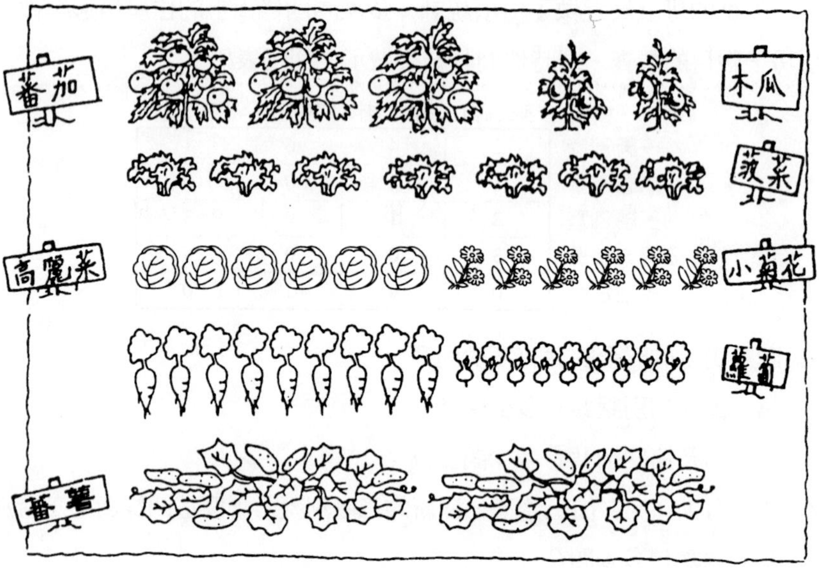

王雷和他妹妹開闢了一個小菜園。利用上圖幫助你回答下列問題。

1. 如果所有的小紅蘿蔔及大白蘿蔔都長大了，那麼蘿蔔那一排上的植物會有多少個？
2. 如果第一棵木瓜樹結了八個木瓜，第二棵結了七個木瓜，那麼一共會有多少個木瓜？
3. 傍晚時王雷到菜園裡摘了 2 個蕃薯、6 顆高麗菜、4 個木瓜和 2 把小菊花。王雷一共摘了多少蔬菜？
4. 王雷的妹妹在摘了一些白蘿蔔後，又種了 4 棵紅蘿蔔和 6 棵白蘿蔔。那麼菜園裡共種了多少紅蘿蔔？

5. 王雷做菜用去了 1 棵菠菜、3 個蕃茄和 4 棵白蘿蔔，同時還要 1 個茄子做為主菜。他一共用了多少個蔬菜？
6. 高麗菜那排還留有一些空間，於是王雷的妹妹又種了 4 顆，菜園裡一共種了多少顆高麗菜？
7. 菜園裡會開花的植物共有多少棵？
8. 王雷和他妹妹在菜園裡種的 5 排植物中，哪一排種得最多？有多少棵？

答案： *1.* 18 個　*2.* 15 個　*3.* 8 個
4. 13 棵　*5.* 9 個　*6.* 10 棵
7. 6 棵　8. 蘿蔔那一排，18 棵

單元 7

體育新聞

1. 體育記者在氣象報告之前做了 5 場棒球比賽成績的報導，在氣象報告之後又做了 3 場棒球比賽成績的報導。請問他一共報導了幾場棒球比賽成績？
2. 我們學校裡的明星棒球隊在對東方高中的比賽時擊出 2 支全壘打；在對中正高中時，擊出 4 支安打、3 支全壘打。請問兩場比賽共擊出多少支全壘打？
3. 六月間，6 支陸軍特技隊及 3 支陸軍棒球隊到本市拜訪，同時也有 1 支海軍特技隊來參觀本市。請問在六月時，本市共有幾支特技隊來訪？
4. 為了要在夏季腳踏車競賽裡有好的表現，小丹星期六下午騎了 2 小時腳踏車；星期日下午騎了 4 小時，晚上騎了 1 小時。請問小丹在星期天共騎了多少小時的腳踏車？
5. 有一年，68 輛車子參加五百公里賽車，其中 8 輛車子在起點附近燒毀，1 輛車子在中途燒毀。請問一共有多少輛車子燒毀？
6. 滑雪明星一共做了 3 個花式旋轉、5 個跳躍和 4 個簡單旋轉，最後得到冠軍，請問這位滑雪明星一共做了幾個旋轉？
7. 摩托車超級巨星如果要得到最高獎金，就必須騎車飛越障礙物及車輛。小吉以越過 6 個障礙、2 輛車的紀錄領先。小強以越過 4 個障礙、1 輛車的紀錄居第二位。請問小吉一共越過多少障礙物？
8. 大華在上半場投進 4 個球，下半場投進 3 個球，漏接 2 個球。請問大華在這場籃球比賽裡共投進幾球？
9. 中正高中贏得上週游泳比賽總冠軍，潛水項目共得 2 面金牌，游泳項目得到 4 面金牌，請問他們共贏得幾面金牌？

10. 小明參加二項越野賽跑，分別是 3 公里及 6 公里，請問他在比賽裡共跑了幾公里？

11. 小強每次在國際性棒球比賽中都有很好的打擊表現。在第三局中，他擊出 2 支安打及 1 支全壘打，第四局又有 3 支全壘打。在第三局中，小強共有幾次打擊機會？

12. 足球明星隊和棒球明星隊在湖邊舉行拔河對抗賽，5 位足球明星掉進湖裡，但只有 1 位棒球明星掉進湖裡，不過有 4 個掉進泥巴中。請問共有多少人掉進湖中？

答案：

1. 8 場	*2.* 5 支	*3.* 7 支
4. 5 小時	*5.* 9 輛	*6.* 7 個
7. 8 個	*8.* 7 球	*9.* 6 面
10. 9 公里	*11.* 3 次	*12.* 6 人

單元 8

藍伯伯的書店

1. 藍伯伯和他太太在城裡開了一間書店，店名就叫藍伯伯書店。小珍在那裡買了 5 本漫畫。小珍原有 6 本漫畫，現在她共有幾本漫畫？
2. 藍伯母在書架上放了 8 本大筆記本，又放了 7 本小筆記本。現在書架上共有幾本筆記本？
3. 小丹想買一些筆記簿和書，但他要先看看他有多少錢；他的口袋裡有 8 張 50 元鈔票和 5 張 100 元鈔票。請問小丹共有幾張鈔票？
4. 藍伯伯想裝飾一下書店。張先生送他 9 盆盆栽，李先生送他 8 盆花。現在書店裡共有多少盆植物？
5. 阿達算算書架上的書本，結果第一層書架上有 6 本書，第二層書架上有 4 本書及 7 份報紙。請問阿達一共看到幾本書？
6. 小珍買了 6 本舊雜誌，小玲買了 5 本舊的食譜，但是其中 3 本已經破了。她們兩人共買了幾本舊書？
7. 阿輝修理了 6 個書架及 6 張書桌，他同時修補了 9 本破損的書。阿輝一共修理了多少件傢俱？
8. 藍伯伯和藍伯母的書店休息了 22 天。他們花了 8 天時間去環島旅行，另外又去日月潭玩了 3 天，其餘時間則在家休息。請問他們共在外玩了幾天？
9. 藍伯伯書店每年都有一次大拍賣。今年拍賣的有 9 本精裝書及 4 本平裝書，請問拍賣的書共有多少本？
10. 藍伯伯在買下這間書店以前在店裡工作了 3 年，他在 8 年前買下這間書店並開始經營，請問他一共在書店裡工作了多少年？

答案：*1.* 11本　*2.* 15本　*3.* 13張
4. 17盆　*5.* 10本　*6.* 11本
7. 12件　*8.* 11天　*9.* 13本
10. 11年

單元 9

一週的生活

嗨！我是小德。

成長總是不容易的，有很多事等著你去做。上星期我倒了 2 次垃圾，整理了 1 次房間。星期一及星期二要上學。星期一有 3 堂正課，星期二有 4 堂正課，以及 1 堂柔道課。國語老師指定 4 個故事要我們回家閱讀，歷史老師也規定讀 2 個故事做為作業，另外，數學作業是 10 題計算題。功課這麼多，所以我很晚才睡覺。星期三早上睡晚了，趕不上交通車，只好步行 2 公里到我朋友那兒，然後搭他的車子到 3 公里外的學校。每天晚上我大約要花 1 小時做國語作業，2 小時做其他功課。此外，我一天還要花大約 3 小時送報。有一次在送報途中，我遇到一場大雨，掉了 3 份報紙在泥巴裡，又有一隻狗跑來咬走了 2 份，我只好自掏腰包買報紙賠人。唉！什麼日子啊！

1. 星期二小德在學校裡共要上幾堂課？
2. 小德的國語及歷史作業共有多少個故事？
3. 上星期小德整理房間及倒垃圾的次數共有多少？
4. 小德家離學校有多遠？
5. 在這篇故事裡，小德一共提到幾天上學的日子？
6. 每天晚上小德花在家庭作業上的時間是多久？
7. 在下大雨的那天，小德損失了幾份報紙？
8. 小德星期一到星期六共要花多久時間送報？
9. 星期四的課比星期一的課多了 5 堂，那麼小德星期四有幾堂課？
10. 有一次國語作業特別多，使得小德多花了 2 小時才做完。那天晚上小德花在國語作業的時間是多少？

11. 星期一和星期二小德的正課共有幾堂？

答案：*1.* 5堂　*2.* 6篇　*3.* 3次

4. 5公里　*5.* 3天　*6.* 3小時

7. 5份　*8.* 18小時　*9.* 8堂

10. 3小時　*11.* 7堂

單元 10

中古車的買賣

王先生是一位做中古汽車買賣的商人，由於他的生意做得很好，所以非常忙碌，從他這個星期一工作的情形，你就可以發現他有多忙了。

在星期一的早晨，王先生共有 6 部福特、4 部裕隆、7 部喜美、2 部雷諾及 1 部賓士的中古車。到了中午，他已賣出 2 部福特，剩下 4 部福特車子，喜美賣出了 3 部還剩下 4 部，同時又買進 2 部裕隆及 1 部賓士。星期一下午，王先生又買進了 3 部裕隆及 1 部喜美，而且他很高興，因為他以很好的價錢賣出了 1 部雷諾的車子。當天的生意實在太好了，所以王先生過了非常愉快而忙碌的一天。

1. 星期一早晨，王先生共有幾部裕隆和喜美的中古汽車？
2. 星期一早晨，有一位客人想從裕隆、福特和雷諾三廠牌中挑一部，那麼王先生共有幾部這些廠牌的車供他挑選？
3. 王先生星期一共賣出多少部車子？
4. 王先生星期一共買進多少部車子？
5. 星期一的中午，王先生除了裕隆的車子外，他還有多少部車子？
6. 星期一結束買賣時，王先生除了福特和裕隆車外還有幾部車子？
7. 在中午的時候，他共有幾部車子？
8. 星期一結束買賣時，王先生還剩下多少部喜美車子？

答案：*1.* 11 部　*2.* 12 部　*3.* 6 部

4. 7 部　*5.* 12 部　*6.* 8 部

7. 18 部　*8.* 5 部

單元 11

在餐廳打工

梅芳、美和與志宏利用暑假到餐廳打工。餐廳經理畫了一張圖來顯示他們三人的服務範圍，分配如下：

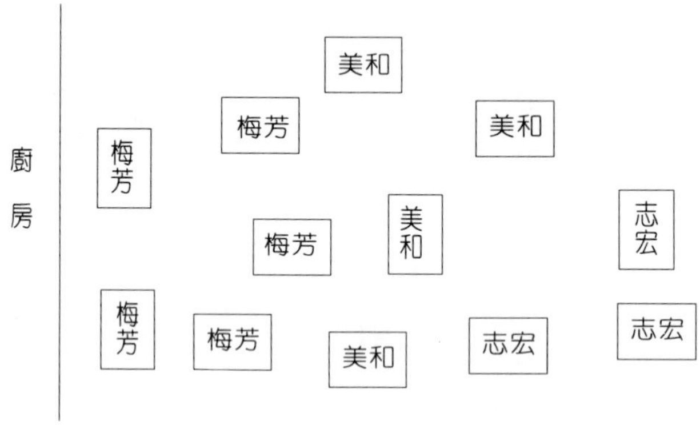

1. 梅芳的服務區比較靠近廚房，所以她服務的桌子比較多。請問她服務的桌子有多少張？
2. 美和與志宏服務的桌子共有多少張？
3. 傍晚時，梅芳的服務區有 2 張桌子坐了人，美和的服務區也有 2 張桌子坐了人，志宏的服務區只有 1 張桌子還空著。請問有人坐的桌子共有多少張？
4. 當梅芳休假時，美和要幫忙照顧她的 2 張桌子，志宏則要幫忙照顧她另外的 3 張桌子。請問當梅芳休息時，志宏共要服務多少張桌子？
5. 美和請病假的那一天，梅芳幫忙照顧她的 2 張桌子，志宏則幫忙照顧她另外的 2 張桌子。請問那一天梅芳共要服務多少張桌子？

6. 有一天晚上，梅芳和志宏互換服務區。請問，那天晚上美和與志宏服務的桌子共有多少張？
7. 某天晚上九點，美和的服務區除了一張桌子坐著 3 位客人外，其餘的桌子都是坐著 2 個人。請問，當天晚上美和的服務區共坐著多少人？
8. 請你想想看，為什麼志宏所服務的桌子數量最少？

答案：*1.* 5 張　*2.* 7 張　*3.* 6 張
4. 6 張　*5.* 7 張　*6.* 9 張
7. 9 人　*8.* 因為他的服務區離廚房比較遠

單元 12

賣書

在書店賣書的人必須登記哪些書已經賣出了幾本，這樣他們才能知道哪些書已經賣完了。這些紀錄也可以幫助他們了解哪些書比較受歡迎。下面是某書店在某個早上賣書的紀錄：

非小說類	賣出的數量
一笑集	2
謎語選集	3
旅遊指南	5
歐洲見聞錄	4
如何賺錢	2

小說類	賣出的數量
花晨集	6
日落	2
千江有水千江月	7
小華的一天	3
昨日不再來	2
審判	4
冰島漁夫	5
棋王	1

1. 非小說類比較受歡迎的是哪一本書？
2. 小說類比較不受歡迎的是哪一本書？
3. 那天中午，書架上只剩下 4 本「千江有水千江月」，那麼那天早上開店時本來有幾本「千江有水千江月」？
4. 那天下午又賣出了7本「花晨集」，那天總共賣出了幾本「花晨集」？

5. 那天早上「一笑集」、「謎語選集」和「旅遊指南」一共賣出了多少本？
6. 哪兩本小說是最受歡迎的？那天早上這兩本書一共賣出了幾本？
7. 那天早上所賣出的「旅遊指南」及「千江有水千江月」都是由同一位顧客所買走的，請問這個顧客至少買了幾本書？
8. 那天早上，「千江有水千江月」、「日落」、「花晨集」一共賣出了幾本？
9. 如果同樣的一個人買了那天早上所賣出的所有非小說類最受歡迎的書及所有小說類最受歡迎的書，請問這個顧客一共買了多少本書？
10. 有一位老師買了那天早上所賣出所有的「千江有水千江月」、「昨日不再來」及「冰島漁夫」，準備當作學生的禮物，那位老師一共買了多少本書？

答案：*1.* 旅遊指南　　*2.* 棋王

3. 11 本　　*4.* 13 本

5. 10 本　　*6.* 花晨集、千江有水千江月，13 本

7. 12 本　　*8.* 15 本

9. 12 本　　*10.* 14 本

單元 13

打工

1. 志強和維國在星期天打工賺錢。志強早上洗了 14 片玻璃，吃過午飯後，又洗了 12 片玻璃。請問志強一共洗了多少片玻璃？
2. 星期天上午小美用鐵耙整理了 13 塊草地，小玲在下午整理了 12 塊草地，大強則整理了 9 塊草地。請問女孩子們整理了幾塊草地？
3. 志昌每隔一個星期六整理一次陳太太的花園。某一個星期六，陳太太從花園裡趕走了 11 隻貓，志昌趕走了 17 隻狗。請問他們一共趕走了多少隻動物？
4. 林太太請志強和漢文幫忙打掃房間。志強打掃了 2 間臥室，漢文打掃了 1 間客廳和 1 間臥室，林太太清理書房。請問他們三人共打掃了幾間房間？
5. 維國在打工以前，須先把家庭作業做完，他得做 13 題數學題和 6 題自然習題。請問維國總共要做幾題作業？
6. 維國洗了 25 輛小汽車和 4 輛大卡車，他的哥哥志強洗了 6 輛小汽車，請問維國總共洗了幾輛車子？
7. 志強和維國喜歡幫爸爸掃院子裡的落葉。志強掃了 14 袋的葉子，維國掃了 30 袋葉子，志強和維國總共掃了幾袋的葉子？
8. 志強拿到 60 元的工資，維國拿到 120 元，另外桂英的皮包裡有 50 元，請問志強、維國總共拿到多少錢？
9. 有時候志強會在李太太的電器修理廠幫忙。他們上星期修了 13 台彩色電視，今天他們又修理 6 台彩色電視和 9 台收音機，請問他們共修了幾台彩色電視機？
10. 工作了一個早上，大家都餓了，桂英吃了 3 個三明治，志強吃了 2 個三明治和 3 個小餅乾，維國吃了 1 個三明治和 13 個小餅乾。請問男生們總共吃了多少東西？

11. 有一個週末大家去看足球比賽，男生去了 12 人，女生去了 6 人，男生中有 11 個人帶便當去，請問總共有多少人去看足球賽？

12. 找出這個單元中數目最小的答案和數目最大的答案，把這兩個數目相加，答案應該是多少？

答案：*1.* 26 塊	*2.* 25 塊	*3.* 28 隻
4. 5 間	*5.* 19 題	*6.* 29 輛
7. 44 袋	*8.* 180 元	*9.* 19 台
10. 19 個	*11.* 18 人	*12.* 185

單元 14

王太太的麵包店

1. 王太太賣了 37 塊小蛋糕後，店裡還剩下 63 塊，請問王太太原來有幾塊小蛋糕？
2. 中午吃飯的時間到了，原先有 37 位顧客到店裡買蛋糕吃，不久又有 24 位顧客來買蛋糕，另外又賣出了 12 塊餅乾。請問到王太太店裡買蛋糕的共有多少人？
3. 王太太賣了 4 個草莓蛋糕後還剩下 17 塊，請問王太太原先有幾塊草莓蛋糕？
4. 王太太在店裡裝上 17 盞的電燈，本來店裡已經有了 26 盞，現在王太太的店裡總共有幾盞燈？
5. 王太太的麵包店附設有餐廳。一天李太太來吃午餐，李太太吃了 15 片馬鈴薯片後盤中還留有 8 片。李太太的盤中原來有幾片馬鈴薯片？
6. 午餐時間，王太太賣了 26 個漢堡，結果還剩下 6 個，王太太打算下午做 12 個巧克力奶油蛋糕。請問店裡原來有幾個漢堡？
7. 王太太賣了 6 個香蕉奶油蛋糕和 4 個檸檬蛋糕後，還剩下 29 個香蕉奶油蛋糕。請問王太太原本做了幾個香蕉奶油蛋糕？
8. 林先生請了一些朋友到家裡玩，林先生的家中原本有 12 塊小蛋糕，他又從王太太的店中買了 18 塊小蛋糕。現在林先生共有幾塊蛋糕？
9. 王太太最喜歡自己做的蘋果蛋糕。新年時，她做了兩種蘋果蛋糕，其中一種做了 17 個，另一種做了 14 個，同時她還做了 23 個草莓蛋糕。請問王太太總共做了幾個蛋糕？
10. 王太太接到二張訂單，一張訂單訂了 14 個小蛋糕，另一張訂單訂了 51 個三明治，請問王太太一共要做幾個蛋糕？

答案：1. 100 塊　2. 61 人　3. 21 塊
4. 43 盞　5. 23 片　6. 32 個
7. 35 個　8. 30 塊　9. 54 個
10. 14 個

單元 15

到紐約觀光

美國的紐約市是世界的大都市之一，很多人喜歡到紐約市觀光，因為那裡有很多好玩的地方和新奇的東西可看。紐約市分成好幾區，就好像台北市分成城中區、大安區……一樣，曼哈頓就是紐約的一個區。光在曼哈頓區就有 20 個博物館，包括了美國自然博物館、現代藝術館、大都會藝術館……等。除了博物館外，至少有 10 座有名的教堂和 5 座紀念碑，其中以自由女神像最有名。當你到曼哈頓時，可順便到布魯克林大橋和華盛頓大橋遊玩。到曼哈頓觀光將使你眼花撩亂，一刻不得閒。

1. 假如你到曼哈頓觀光，你會選擇去哪些地方？
2. 假如除了教堂外的地方你都想去，那麼就上面故事所提出的地方而言，你可以去哪些地方？
3. 志強和桂英利用兩天時間去了上面故事所提到的所有紀念碑。同時他們還到當地的 3 個圖書館參觀。志強和桂英在兩天之中去了多少個地方？
4. 素貞和她的姊姊愛華參觀了 12 個博物館、所有的教堂，以及 3 座紀念碑。素貞和愛華總共參觀了幾個地方？
5. 在參觀完上述故事中所提的地方後，志昌一家決定再到布魯克林參觀，他們去了 3 座博物館及 2 座有名的教堂。請問志昌一家總共參觀了幾座博物館？
6. 大勇和維國最喜歡曼哈頓的餐廳，當遊覽過故事中所提的博物館和 2 座教堂後，他們還去了 2 家餐廳。大勇和維國總共去了幾個地方？

答案：*1.* 開放答案　　*2.* 博物館、紀念碑和大橋　　*3.* 8 個

4. 25 個　　*5.* 23 座　　*6.* 24 個

單元 16

摘梨子

自強和他的五個同學暑假時到梨山摘梨子打工，他們總共做了一個星期。工資是以「籃」計算，所以他們都盡自己的力量，摘得愈多愈好。星期一時，自強只摘了 8 籃，星期二他摘了 12 籃，星期三他摘了 16 籃，星期四的工作量和星期三一樣；星期五時，自強實在太累了，因此只摘了 14 籃。自強的同學維國星期一時就已摘了 14 籃，星期二和星期三則和自強一樣，星期四他摘了 15 籃，星期五也是一樣 15 籃。

1. 星期四那天，自強摘了多少籃梨子？
2. 星期三和星期二兩天，自強和維國總共摘了幾籃梨子？
3. 自強這幾天來總共摘了幾籃梨子？
4. 維國這幾天來總共摘了幾籃梨子？
5. 自強和維國，哪一個人摘得比較多？
6. 星期三時，自強和維國哪一個人摘得比較多？
7. 自強有三天摘得比較多，請問那三天總共摘了幾籃？
8. 維國摘比較少的那三天梨子總共有幾籃？
9. 自強和維國兩人總共摘了幾籃梨子？

答案：*1.* 16 籃　*2.* 56 籃　*3.* 66 籃
4. 72 籃　*5.* 維國　*6.* 一樣多
7. 46 籃　*8.* 41 籃　*9.* 138 籃

單元 17

食物的熱量

人體好像一具引擎，人們活動的能量靠食物提供，不同的食物會提供不同的熱量，下表所列是我們常吃的各種食物的熱量，請仔細看看，並回答下列問題：

食物名稱	所含熱量（卡）
白　飯　1 碗	175
雞　蛋　1 個	80
胡蘿蔔　$\frac{1}{2}$ 個	19
玉蜀黍　1 個	92
洋　蔥　1 個	25
花椰菜　1 個	30
馬鈴薯　$\frac{1}{2}$ 個	45
青辣椒　1 個	20
小黃魚　1 條	200
豆　腐　1 塊	65

1. 上表中哪一樣食物所含的熱量最高？
2. 上表中哪一樣食物所含的熱量最低？
3. 一碗飯含有多少卡的熱量？
4. 一條小黃魚含有多少卡的熱量？
5. 1 個青辣椒和 1 塊豆腐共含有多少卡的熱量？
6. 1 個青辣椒、$\frac{1}{2}$個馬鈴薯和$\frac{1}{2}$個胡蘿蔔共含有多少卡的熱量？
7. 1 個雞蛋和$\frac{1}{2}$個胡蘿蔔共含有多少卡的熱量？

8. 媽媽正在減肥，她的晚餐只能吃兩種食物，攝取 80 卡以內的熱量。依照上表，媽媽有哪些選擇？

9. 上表中，哪一種食物是你最喜歡的？

答案：*1.* 小黃魚 1 條　　*2.* 胡蘿蔔$\frac{1}{2}$個

3. 175 卡　　*4.* 200 卡

5. 85 卡　　*6.* 84 卡

7. 99 卡

8. 學生任選，只要兩種食物熱量總合不超過 80 卡均可

9. 學生任選

單元 18

休閒時間

活　動	立　平	秀　英
打　球	15 小時	12 小時
看電視	16 小時	18 小時
逛　街	3 小時	3 小時
看書報	5 小時	9 小時
聽音樂	8 小時	7 小時

上表是立平和秀英每個星期花在休閒活動的時間，請利用上表回答下列問題：

1. 立平和秀英各花了多少時間在看電視上？
2. 秀英花在哪兩項活動的時間比較多？各花了多少時間？
3. 立平花在哪兩項活動的時間比較少？各花了多少時間？
4. 立平和秀英各花了多少時間在聽音樂上？
5. 有一次立平放了一星期假，他利用假期多看了 4 小時電視，多打了 16 小時球。請問那個星期立平共打了多少小時的球？
6. 假如秀英只在看書報的時間聽音樂，請算算看秀英一星期共有多少休閒時間？
7. 假如立平只在聽音樂的時間看書報，請算算看立平一星期共有多少休閒時間？

答案：*1.* 立平 16 小時，秀英 18 小時。

2. 看電視 18 小時，打球 12 小時

3. 逛街 3 小時，看書報 5 小時。

4. 立平 8 小時，秀英 7 小時

5. 31 小時

6. 42 小時

7. 42 小時

單元 19

送貨

1. 星期一早上，王先生送了 43 瓶鮮奶到小明家後，他的車上還剩下 25 瓶。請問王先生車上原來有幾瓶鮮奶？
2. 王先生賣了 14 打雞蛋後，還剩下 12 打。請問王先生原來有幾打雞蛋？
3. 王先生在送了 31 瓶鮮奶後，還剩下 24 瓶。請問王先生原來有幾瓶鮮奶？
4. 王先生送貨，到目前為止已送了 37 站，還剩 12 站沒有送。請問他送貨的路線上共有幾站？
5. 王先生從車上拿下了 68 瓶牛奶後，車上還剩下 10 瓶。請問最初車上有幾瓶牛奶？
6. 送牛奶的人已經送了 12 家訂戶，還剩下 17 家訂戶沒有送。請問共有幾家訂戶要他送牛奶？
7. 張小妹送報紙，送了 42 份後，還剩下 15 份。請問張小妹原先準備送幾份報紙？
8. 黃先生送了 32 包米，車上還剩下 26 包。請問黃先生最初有幾包米？
9. 送貨員送來 22 盒巧克力牛奶到王太太家後，還欠王太太 16 盒巧克力牛奶和 13 盒鮮奶。請問王太太訂了幾盒巧克力牛奶？
10. 送貨員在早上 8：00 以前送了 25 家共 34 瓶羊奶，在早上 10：00 以前，他還有 31 家要送。請問送貨員在早上 10：00 以前共須送幾家？

答案：*1.* 68 瓶　*2.* 26 打

3. 55 瓶　*4.* 49 站

5. 78 瓶　*6.* 29 家

7. 57 份　*8.* 58 包

9. 38 盒　*10.* 56 家

單元 20

家庭作業

1. 暑假時，小明和小華花了 14 小時合力完成一件勞作作品，又花了 17 小時修改這件作品。請問小明和小華共花了多少時間在這件作品上？
2. 曉玉的家庭作業有 24 題數學，碧玲的家庭作業有 18 題數學和 12 題英語作業。請問這兩位同學共有幾題數學作業？
3. 紫雲上個星期做了 38 題數學，這個星期做了 29 題數學。請問這兩個星期紫雲共做了幾題數學？
4. 建漢是個用功的學生，星期一他做了 19 題數學，星期二他做了 17 題數學和 26 題英語作業。請問建漢在星期二共做了多少個題目？
5. 昭宏有 43 題數學作業，昇典有 68 題數學作業。請問他們共有多少題數學作業？
6. 美玉的數學作業有 45 題，小華的數學作業比美玉的多了 18 題。請問小華的數學作業有幾題？
7. 考試快到了，曉玉很認真的復習功課。星期一她讀了 12 頁國文和 21 頁社會，星期二她讀了 17 頁國文和 19 頁社會。請問曉玉在兩天內共讀了幾頁社會？
8. 體育老師要同學鍛鍊身體，小明每天早上做 45 次伏地挺身及 34 次仰臥起坐，每天晚上還要做 38 次的伏地挺身。請問小明每天做多少次伏地挺身？
9. 瑞民昨天寫了 18 題數學，今天寫了 34 題數學，看了 7 本漫畫。請問這兩天瑞民共寫了多少題數學？
10. 老師要一年一班的學生做實驗，一年一班的學生種了 29 棵黃豆，又種了 26 棵綠豆。請問一年一班的學生共種了多少棵豆子？

答案：*1*. 31 小時　*2*. 42 題
3. 67 題　*4*. 43 題
5. 111 題　*6*. 63 題
7. 40 頁　*8*. 83 次
9. 52 題　*10*. 55 棵

單元 21

成績紀錄

立平想了解自己做數學習題的速度，因此他向老師借了一個碼錶，並請班上另一個同學幫他計時。

星期一的作業共有十二題，前面兩題很容易，所以立平第一題只花了 33 秒，第二題花了 42 秒。第三、四題都是用 1 分鐘完成的；接著花了 47 秒完成第五題，1 分 37 秒完成第六題；第七題和第八題各花了 2 分鐘才完成；第九題是個很難的題目，立平花了 3 分鐘才完成。做完九題後，立平覺得很累，他想休息一下，以後再完成剩下的三題。

1. 畫一個表格，把立平做每一題所花的時間記錄下來：

題號	分	秒
一		
二		
三		
四		
五		
六		
七		
八		
九		

2. 立平在哪一題所花的時間最少？
3. 立平在哪一題所花的時間最多？
4. 立平共花多少時間在第一和第二題上？
5. 立平在第六題上所花的時間是多少秒？

6. 第七、八、九題，立平共用了多少時間才完成？

7. 立平共用了多少時間才完成奇數題？

8. 立平共用了多少時間才完成偶數題？

答案：

1.

題號	分	秒
一		33
二		42
三	1	
四	1	
五		47
六	1	37
七	2	
八	2	
九	3	

2. 第一題

3. 第九題

4. 75 秒

5. 97 秒

6. 7 分鐘

7. 6 分鐘 80 秒（7 分鐘 20 秒）

8. 4 分 79 秒（5 分 19 秒）

單元 22

打零工

小美想賺點零用錢，她利用放學後的時間替廣告商分送傳單，這個工作是按件計酬，每送一份傳單她就可得一塊錢工資，她計畫每天工作三小時。上個星期一，第一個小時送了 32 份傳單，第二個小時送了 35 份傳單，第三個小時因為遇見同學，和同學聊了一會兒，所以只送了 22 份傳單。星期二，因為有事，只能做兩小時的工作，第一個小時送了 40 份傳單，第二個小時送了 41 份傳單。星期三，由於自行車壞了只好用走的，第一個小時送了 25 份傳單，第二個小時送了 20 份傳單，第三個小時送了 23 份傳單。

1. 星期三小美共送了幾份傳單？
2. 星期二小美共送了幾份傳單？
3. 三天中，哪一天小美送的傳單最多？送了多少份傳單？
4. 如果小美每天只送第一個小時，三天來，她共送了多少份傳單？
5. 這三天中，哪一天小美送的傳單最少？送了多少份？
6. 星期一和星期三的第三個小時合起來，小美共送了幾份傳單？
7. 三天中，小美賺錢最多的是哪一天？
8. 三天中，小美賺錢最少的是哪一天？

答案：*1.* 68 份　*2.* 81 份　*3.* 星期一，89 份
4. 97 份　*5.* 星期三，68 份　*6.* 45 份
7. 星期一　8. 星期三

單元 23

里程表

有時我們可以在地圖上看到類似下圖的里程表，它告訴我們兩地之間的距離。你可以先找兩個你想去的地方，然後用手指著兩個地名，順著圖表一指往下，一指往左，最後兩指將會碰面，手指停留的方塊上的數字就是兩個城市之間的距離。請你利用里程表回答下列的問題。

台灣各主要城市里程表

（單位：公里）

北 ↖　　↘ 南

	基隆	台北	桃園	中壢	新竹	苗栗	台中	彰化	嘉義	台南	高雄
台北	27										
桃園	49	22									
中壢	62	35	13								
新竹	94	67	45	32							
苗栗	132	105	83	70	38						
台中	178	151	129	116	84	46					
彰化	198	171	149	136	104	66	20				
嘉義	264	237	215	202	170	132	86	66			
台南	327	300	278	265	233	195	149	129	63		
高雄	367	340	318	305	273	235	189	169	103	40	
屏東	373	346	324	311	279	241	195	175	109	46	6

1. 寫出下列兩地間的距離：

⑴基隆到台北

⑵台北到中壢

⑶新竹到彰化

⑷高雄到屏東

⑸嘉義到中壢

2. 假如你想從台北開車到新竹，再由新竹開到基隆，你一共開了幾公里？

3. 假如現在你在桃園，你車中的汽油只能開 100 公里，你身上一毛錢也沒有，你可不可以開車回台南家中？為什麼可以或為什麼不可以？

4. 假如你從新竹開始往南到每個地方觀光，直到屏東，請問你至少要走幾公里的路？

5. 王先生是一位推銷員，他經常騎著摩托車到各處推銷物品。有一天，王先生必須從彰化騎車到嘉義，再由嘉義騎回中壢。請問王先生在這一天總共要騎多少公里的路？

6. 如果你開車從基隆到屏東，再沿原路回到基隆，請問你一共開了多少公里的車？

答案：*1.* ⑴ 27 公里　⑵ 35 公里　⑶ 104 公里

⑷ 6 公里　⑸ 202 公里

2. 161 公里

3. 不能，桃園到台南的距離超過 100 公里

4. 279 公里

5. 268 公里

6. 746 公里

單元 24

票價表

搭乘汽車或火車時，票價是隨著距離的增加而增加。你可以先找出你所在的城市，再找出你想去的地方，然後用手指著兩個地名，順著圖表一指往下，一指往左，最後兩指將會碰面，手指停留的方塊上的數字就是所需的車錢。請你利用票價表回答下列的問題。

台灣鐵路局　主要車站復興號票價表

（單元：元）

北↖　↘南

	基隆	台北	桃園	中壢	新竹	苗栗	台中	彰化	嘉義	台南	高雄
台北	37										
桃園	74	37									
中壢	87	50	13								
新竹	136	101	64	51							
苗栗	181	144	107	94	45						
台中	252	215	178	166	116	73					
彰化	274	238	201	188	139	94	23				
嘉義	376	341	304	291	242	197	126	103			
台南	455	418	381	370	319	276	205	182	79		
高雄	515	478	441	428	379	336	263	242	139	60	
屏東	542	505	468	455	406	361	290	268	166	87	27

1. 參考票價表寫出各題的票價：

⑴基隆到台北

⑵台北到中壢

⑶新竹到彰化

⑷高雄到屏東

⑸嘉義到中壢

2. 假如你想從台北搭復興號列車到新竹，再由新竹搭復興號到基隆，你一共要花多少車錢？
3. 假如現在你在新竹，你身上只有200元，你可不可以搭車去台南玩？為什麼？
4. 假如你從新竹開始往南到每個地方觀光，直到屏東，你將要花多少車錢？
5. 王先生是一位推銷員，他經常要搭復興號列車到各處推銷物品。有一天，王先生必須從彰化搭車到嘉義，再由嘉義搭車到中壢。請問王先生在這一天總共要花多少車錢？
6. 如果你搭復興號列車從基隆到屏東，再從屏東回到基隆，請問一共需要多少車錢？

答案：*1.* (1) 37元 (2) 50元 (3) 139元 (4) 27元 (5) 291元

2. 237元

3. 不可以，因為新竹到台南的票價超過200元

4. 406元

5. 394元

6. 1084元

單元 25

購買日常用品

1. 某家百貨公司正在舉辦拍賣，每件物品均以半價出售。大華在文具部買了一枝定價 10 元的鉛筆和定價 24 元的原子筆，另外又在醫藥部門買了一盒定價 30 元的撒隆巴斯。請問大華共花了多少錢買筆？
2. 小英想買一張生日卡送給朋友，她買了一張 13 元的卡片，同時，她還買了一小瓶 42 元的面霜，一塊 20 元的香皂，請問小英共花了多少錢？
3. 小英和愛蘭一起逛百貨公司。小英想要買一罐 60 元的面霜，這時愛蘭也買了一個 60 元的益智盤玩具和一瓶 75 元的髮膠，請問這些東西總共要多少元？
4. 小英買了一包 15 元的衛生紙、一支 20 元的牙膏，還有一個和愛蘭一樣的益智盤。請問小英總共要花多少錢？
5. 小英的哥哥也買了一包衛生紙、一塊香皂，以及一條 25 元的毛巾，請問總共要花多少錢？（請由第 2 和第 4 題中找出其他二件東西的價錢）
6. 小英的媽媽到醫藥部門買了一瓶 80 元的咳嗽藥水和 12 元的咳嗽藥片，請問她共花了多少元？
7. 小傑在買了生日卡後只剩下 42 元，請問小傑原來有多少錢？
8. 小傑的姊姊在買了一枝 30 元的原子筆和一塊 20 元的香皂後，剩下的錢剛好可買一包 12 元的口香糖，請問姊姊原有多少元？
9. 小玲只有 80 元，她想要買三樣東西，你想她可不可以買一包 30 元的衛生紙、一小瓶 42 元的面霜和一塊 20 元的香皂？為什麼可以，或為什麼不可以？請說出理由。

10. 忠明買了一個 60 元的益智盤玩具、一張 10 元的撒隆巴斯和一枝 12 元的原子筆。他哥哥則買了一瓶 80 元的咳嗽藥水。請問誰花的錢多，忠明還是他哥哥？

答案：*1.* 17 元　　*2.* 75 元

3. 195 元　　*4.* 95 元

5. 60 元　　*6.* 92 元

7. 55 元　　*8.* 62 元

9. 不可以，三樣物品總價超過 80 元

10. 忠明花的錢多

單元 26

買傢俱

1. 遠東百貨公司傢俱部正在大減價，彈簧墊每個 3,300 元，小茶几每張 1,900 元，餐桌每張 2,700 元。請問一張小茶几和一張餐桌一共要多少錢？
2. 王先生看到海報上寫著桌燈的單價是 710 元，小桌燈的單價是 490 元，請問兩盞燈共需多少元？
3. 林家要搬到一幢新公寓去，張太太想要送一件禮物給林家。一張餐桌是 4,770 元，一個小咖啡櫥是 4,900 元，一個精緻時鐘是 1,700 元。你想她買什麼東西花的錢最少？
4. 林太太想買一個書櫥和一張書桌，她在廣告上看到一個書櫥 2,650 元，書桌 1,890 元，買這兩樣傢俱共要花多少元？
5. 陳先生想要換一個新的雙人彈簧床，他看到廣告海報上寫著雙人彈簧床 5,980 元，還有一對枕頭 350 元，請問彈簧床和枕頭共需多少錢？
6. 張先生夫婦二人看到廣告海報上寫著躺椅 790 元、搖椅 540 元、落地燈 420 元，張太太打算買一盞落地燈和一個搖椅，請問一共要花多少錢？
7. 林順來看到廣告海報上寫著衣櫃 7,900 元，大型書桌 6,300 元，一組書架 5,600 元，一座高級吊衣架 8,800 元。林順來想買兩件東西，但是它們的價錢必須剛好是 14,400 元，你想林順來可以買哪兩件東西？

答案：*1.* 4,600 元　*2.* 1,200 元　*3.* 時鐘
4. 4,540 元　*5.* 6,330 元　*6.* 960 元
7. 書架和吊衣架

單元 27

籌募基金

愛智學校發起賣貼紙籌募基金的活動，每班班長原則上必須賣 20 張以上的貼紙，每張貼紙賣 5 元。他們學校共有 56 個班級，一些商店也響應這個籌募活動，紛紛捐出一些獎品，其中：首獎是 CD 唱片一張，價值 292 元；二獎是兒童故事錄音帶一捲，價值 70 元；三獎是高級鍋墊一片，價值 29 元，另外還有許多小獎。

班長中有 30 人剛好各賣出 20 張貼紙，有 15 位班長賣出超過 20 張貼紙，但有 11 位班長賣出的貼紙少於 20 張。其中三年忠班班長賣了 35 張貼紙，二年仁班和一年義班二位班長各賣出 33 張貼紙。整體說來，籌募基金活動辦得還算相當成功。

1. 第二獎和第三獎合起來的價值是多少？
2. 有多少位班長是賣出 20 張以上的貼紙（包含 20 張）？
3. 有多少位班長賣出 20 張以下的貼紙（包含 20 張）？
4. 二年仁班和一年義班二位班長共賣出多少張貼紙？
5. 有位同學中了第三獎，他將獎品以多於原價 10 元的價錢賣給他姑姑，請問他是賣多少錢？
6. 除了各班班長，另外還有 10 位老師、22 位家長也參加賣貼紙籌募基金活動，請問一共有多少人參加此次的賣貼紙籌募基金活動？
7. 有四位班長合起來所賣的貼紙比二年仁班和一年義班二位班長合起來所賣的貼紙多 23 張，請問這四位班長共賣出多少張貼紙？

答案：1. 99 元　　2. 45 人

3. 41 人　　4. 66 張

5. 39 元　　6. 88 人

7. 89 張

單元 28

速簡餐飲

暑假期間，月英在便利商店打工。她每天午餐都在外面吃，為了節省，她規定自己每餐的花費不能超過 80 元。便利商店的工作是忙碌的，因此月英選擇快餐當作午餐。下表是月英常吃的幾樣食物及其價錢：

食物名稱	價錢
牛肉麵	70 元
雞腿飯	60 元
火腿蛋炒飯	55 元
排骨飯	45 元
魚丸湯	20 元
蛋花湯	15 元
牛奶	13 元
漢堡	40 元

1. 下列是月英上星期的午餐內容，請問每天的總價是多少元？
   ⑴星期一：排骨飯一客、牛奶一盒、開水一杯，請問總共多少元？
   ⑵星期二：火腿蛋炒飯一客、魚丸湯一碗，請問總共多少元？
   ⑶星期三：排骨飯一客、蛋花湯一碗，請問總共多少元？
   ⑷星期四：牛肉麵一碗、開水一杯，請問總共多少元？
   ⑸星期五：雞腿飯一客、魚丸湯一碗，請問總共多少元？
   ⑹星期六：火腿蛋炒飯一客、牛奶一盒，請問總共多少元？
2. 如果月英已經買了一個漢堡，那麼在預算內她還能買哪些東西？
3. 今天中午，月英花了 70 元。她沒有買雞腿飯，也沒有喝牛奶。請問，月英可能買些什麼？

4. 假如你是月英，你要吃什麼？

答案：*1.* ⑴ 58 元　⑵ 75 元　⑶ 60 元　⑷ 70 元　⑸ 80 元　⑹ 68 元

2. 學生任選，只要不超過 40 元者即可

3. 學生任選，總價剛好 70 元即可

4. 學生任選

單元 29

折價券

家家便利商店新開幕，廣告單上附有六張折價券：

一箱碗麵 抵 12 元	二大袋洗衣粉 抵 20 元	炸雞塊三公斤 抵 30 元
超大罐奶粉 （二公斤） 抵 30 元	果汁一箱 （二十四罐） 抵 12 元	香菇禮盒 （一公斤） 抵 15 元

1. 當你使用折價券買炸雞塊三公斤和一盒一公斤裝的香菇禮盒時，你省了多少錢？
2. 假如你買了香腸一公斤、餐巾紙二捲、二公斤奶粉一罐、沙拉油一桶，使用廣告單上的折價券可省多少錢？
3. 假如你使用折價券買一箱碗麵要付 67 元，那沒有折價券時賣多少錢？
4. 假如你使用折價券買可食用的物品，共可省下多少元？
5. 假如你使用折價券買家用品可省下多少元？
6. 你使用折價券買哪些東西可省下 80 元？
7. 你使用折價券買哪些東西可省下 45 元？
8. 你使用折價券買哪些東西可省下 39 元？

答案：*1.* 45 元　*2.* 30 元

3. 79 元　*4.* 99 元

5. 20 元　*6.* 洗衣粉、炸雞塊、奶粉

7. 炸雞塊、香菇或奶粉、香菇

8. 碗麵、果汁、香菇

單元 30

開學了，買文具

距離開學還有一個星期，小傑和媽媽到附近的文具行買一些學校用的文具，他們買了下列的東西：

筆記簿（每本 15 元）	鉛筆（每枝 5 元）
活頁夾（每個 37 元）	橡皮擦（每塊 9 元）
削鉛筆器（每個 10 元）	蠟筆（每盒 35 元，每枝 5 元）

1. 一本筆記簿要多少錢？
2. 一個活頁夾要多少錢？
3. 一枝蠟筆和一枝鉛筆哪一個貴？
4. 一個削鉛筆器和一塊橡皮擦共要多少元？
5. 哪一種東西最貴？
6. 一本筆記簿和一個活頁夾共要花多少錢？
7. 如果小傑的媽媽只買了一本筆記簿、一枝鉛筆和一塊橡皮擦，請問共需多少錢？
8. 開學那天，小傑去了學校後發現他還少了兩本筆記簿，請問小傑在學校裡買文具共花了多少錢？
9. 假如小傑沒有買鉛筆和橡皮擦，那麼他將省下多少錢？
10. 請把你這一學期第一天上學時學校所需的文具列出來，看看你的文具和小傑的相同還是不同？

答案：*1.* 15 元　*2.* 37 元
3. 價錢一樣　*4.* 19 元
5. 活頁夾　*6.* 52 元
7. 29 元　*8.* 30 元
9. 14 元　*10.* 由學生自己發表

單元 31

學校餐廳

1. 若萍每天中午都在學校餐廳吃飯。星期一，她吃了一盤 40 元的蛋炒飯和一杯 15 元的果汁；星期二，她吃了一個 35 元的漢堡和一杯 10 元的牛奶。請問這二天若萍共喝了多少錢的飲料？
2. 淑瑛只有星期四中午在學校餐廳吃飯。這天她吃了一盤 35 元的什錦炒麵，加上一碗 20 元的蒸蛋。請問星期四那天淑瑛的午餐費花去多少錢？
3. 今天的午餐，李老師花了 40 元，白老師花了 55 元，林老師花了 45 元。請問他們共花了多少錢？
4. 玉華口袋裡只有 50 元，如果能再有 25 元，他就可以吃一盤豐盛的什錦燴飯了。請問一盤什錦燴飯要多少錢？
5. 若萍和月英各吃了一盤 35 元的快餐之後，若萍又喝了一杯 20 元的可樂，月英又吃了一塊 12 元的蛋糕。請問他們喝飲料花了多少錢？
6. 餛飩湯一碗 25 元，貢丸湯一碗 30 元，而牛肉湯比貢丸湯多 20 元。請問牛肉湯一碗多少錢？
7. 今天中午，美麗吃了二個三明治和一杯木瓜牛奶，一共花了 50 元，而自強比美麗多花了 12 元。請問自強今天的午餐花了多少錢？
8. 平常學校福利社也賣些零食。上星期大偉買零食花了 32 元，自強花了 28 元；這星期他們買零食共花了 40 元，請問這兩週大偉和自強買零食共花了多少錢？
9. 玉梅不太喜歡吃米食。今天中午她買了一個 13 元的椰子麵包、一罐 20 元的飲料和一包 25 元的餅乾當午餐。請問玉梅共買了多少錢的麵粉製品？

10. 星期五的午餐，黃老師比李老師多花了 24 元。李老師吃了一盤 60 元的牛肉燴飯和一塊 25 元的貢丸湯。請問黃老師星期五的午餐花了多少錢？

答案：*1.* 25 元　*2.* 55 元　*3.* 140 元
4. 75 元　*5.* 20 元　*6.* 50 元
7. 62 元　*8.* 100 元　*9.* 38 元
10. 109 元

單元 32

慶祝國慶日大減價

1. 十月十日是國慶日，為了慶祝國慶日，台北各大商店、百貨公司都舉行了大減價的活動，像王先生開的運動器材行就是其中之一。店中的三段變速腳踏車減價為 3,590 元，網球拍是 600 元，溜冰鞋要 450 元。小英買了一輛三段變速的腳踏車和一雙溜冰鞋，共需多少元？
2. 王小姐的針線店也有許多好貨品在減價中，如一把剪刀 30 元，一捲線 15 元，一只毛線 75 元，一包繡花針 25 元。在恢復原價以前，如果你買了一捲線、一只毛線、一包繡花針，要花多少錢？
3. 小傑的爸爸一直在等待這個大減價的來臨，因為他想買一些工具。他買了一條 20 元的水管、一捆 270 元的木條和一個 560 元的電鑽，這些東西總共要多少錢？
4. 百貨公司的大減價更是激烈，其中男士的外套一件 980 元，運動外衣一件 450 元，名牌運動襪一雙 170 元。大華買了一件運動外衣和一雙襪子，共需花多少元？
5. 音響店的減價尤其令人興奮，例如最流行的專輯 CD，一張只賣 130 元，附有時鐘的收音機一架 630 元，還有隨身聽 940 元。林順來買了兩張 CD，還有一架附時鐘的收音機，總共要花多少錢？
6. 傢俱店內一張椅子 540 元，書桌 560 元，書架 320 元，檯燈 180 元，大華的弟弟買了一張椅子、一盞檯燈和一個書架。請問這三件東西共要多少錢？

答案：*1.* 4,040 元　　*2.* 115 元

3. 850 元　　*4.* 620 元

5. 890 元　　*6.* 1,040 元

單元 33

自己動手做書架

志清想要自己動手做書架，他在雜誌上看到一篇教人如何做書架的文章，他決定按雜誌上的方法去做。

首先他需要 100 公分長、48 公分寬的大木板六塊，共 420 元；間隔用 1 公分厚木板十塊共 40 元，他請老闆將木板送來，運費花了 30 元，又買了一小罐 30 元的油漆。

書架完成了，志清把書架靠牆放好，書架的高度比寬度多出了是 38 公分，而牆的長度比書架的寬度多了 144 公分。志清把 12 本書放在最底層，25 本書放在第二層，7 本雜誌放在第 3 層，第 4 層則放一台小電視和盆栽，其他的書放在最上面，全部完工後，志清對自己的作品感到非常滿意。

1. 包括運費在內，志清花了多少錢買木材？
2. 除了運費，木板及油漆共需多少錢？
3. 志清的書架有多高？
4. 書架是靠牆而放的，請問牆有多長？
5. 志清在書架下面三層共放了幾本書？
6. 如果志清在書架最上層放了 20 本書，那麼書架上共放了幾本書？
7. 志清買了一台二手的電視機，它的價錢比書架的材料與運費多800元，那麼電視機花了多少錢？

答案：*1.* 490 元　　*2.* 490 元　　*3.* 86 公分

4. 192 公分　　*5.* 44 本　　*6.* 64 本

7. 1,320 元

單元 34

工讀

小雄在學校工讀，平均一星期工作 20 小時，每小時 80 元，因此一星期平均賺 1,600 元，但有時他賺的比 1,600 元多，有時比 1,600 元少。四月的第一個星期，小雄只賺了 1,280 元，因為他休了一天的假；第二個星期他比平均 1,600 元多賺了 400 元，因為他多做了 5 小時；第三個星期學校放假，在這段期間，小雄幾乎是做全天的工作，所以他比平時多賺了 1,360 元，因為他多做了 17 小時的工作；第四個星期，小雄只工作 16 小時，所以只賺了 1,280 元。

小雄在這個月中，只要領薪水，一定拿一些錢給媽媽，當他賺 1,600 元時給媽媽 900 元，賺 1,280 元時給媽媽 700 元，賺 2,000 元時給媽媽 1,100 元，賺 2,960 元時給媽媽 1,700 元。

1. 小雄在四月的第二個星期賺了多少元？
2. 小雄在第二個星期工作了多少小時？
3. 小雄在前二個星期共賺多少錢？
4. 如果小雄第一個星期工作 16 小時，那麼前二個星期他共工作幾小時？
5. 在學校放假期間小雄共工作幾小時？
6. 在學校放假期間小雄賺了多少錢？
7. 哪個星期小雄給媽媽 1,100 元？
8. 哪個星期小雄給媽媽 700 元？
9. 四月份小雄共給媽媽多少錢？

答案：*1.* 2,000 元
2. 25 小時
3. 3,280 元
4. 41 小時
5. 37 小時
6. 2,960 元
7. 第二個星期
8. 第一個星期和第四個星期
9. 4,200 元

單元 35

貨物稅(一)

貨物稅是外加在購買物品價格上的錢，這些錢通常可幫助地方政府支付開銷。這部分是以 5%來計算，也就是說每次你消費 100 元就要加 5 元的貨物稅。目前我國貨物稅都已內含在物品定價內，而日本、歐美各國均採外加貨物稅，且各地稅率不一。

稅率 5%	
消費金額	貨物稅
1～12 元	0
13～25 元	1 元
26～46 元	2 元
47～67 元	3 元
68～88 元	4 元
89～109 元	5 元

1. 如果你買 26 元的物品，稅率是 5%，你需付多少貨物稅？
2. 如果你買 70 元的物品，需付多少貨物稅？
3. 如果你買 50 元的物品，需付多少貨物稅？
4. 買了一枝原子筆 46 元加上貨物稅，總共要付多少錢？
5. 買定價 66 元的筆記本加上貨物稅，總共要付多少錢？
6. 如果你買了一張30元的粉彩紙和一把25元的尺，你需付多少貨物稅？
7. 如果你買一塊 42 元的香皂和一條 20 元的水果糖，你共需付多少錢？
8. 一個男孩帶了一個 10 元和一個 5 元硬幣到便利商店選了一條原價（未上稅前）15 元的糖果，他有足夠的錢付款嗎？為什麼？
9. 假如你只有 75 元，你能夠買一個定價 50 元和定價 21 元的物品嗎？

答案：*1.* 2 元　　*2.* 4 元

3. 3 元　　*4.* 48 元

5. 69 元　　*6.* 3 元

7. 65 元

8. 沒有，因為糖果加稅後要 16 元，他只有 15 元

9. 可以

單元 36

貨物稅(二)

這個單元的貨物稅率是 4%，這種稅率的意思是說，你每消費 100 元即要增加 4 元的貨物稅。

稅率 4%	
消費金額	貨物稅
1～ 12 元	0
13～ 31 元	1 元
32～ 54 元	2 元
55～ 81 元	3 元
82～108 元	4 元
109～135 元	5 元
136～162 元	6 元
163～187 元	7 元
188～212 元	8 元

1. 如果貨物稅是 4%，你買 31 元的物品，需付多少稅？
2. 如果你買 70 元的物品，需付多少稅？
3. 如果你買 50 元的物品，需付多少稅？
4. 如果你買了一枝定價 46 元的原子筆，結帳時要付多少錢？
5. 如果你買了 66 元的物品，結帳時要付多少錢？
6. 買定價 163 元的物品要付多少貨物稅？
7. 如果你各買了 54 元和 27 元的物品，共需付多少貨物稅？
8. 如果你各買了 63 元和 29 元的物品，結帳時需付多少錢？
9. 如果你各買了 72 元和 55 元的物品，結帳時需付多少錢？

10. 如果你各買了 69 元和 89 元的物品，結帳時需付多少錢？

答案：*1.* 1 元　　*2.* 3 元　　*3.* 2 元

4. 48 元　　*5.* 69 元　　*6.* 7 元

7. 3 元　　*8.* 96 元　　*9.* 133 元

10. 165 元

單元 37

立群的腳踏車店

1. 立群有一個裝螺絲和螺帽的罐子，有一天罐子被打翻了，所有螺絲和螺帽都掉在地上。立群撿起 132 個螺絲，小威撿起 201 個螺帽，他們共撿起多少東西？
2. 立群需要一個地方儲放東西，所以他做了一些架子。立群在架子上放了 216 個腳踏車踏板，小光放了 321 個把手在架子上，請問他們共放了多少東西？
3. 小威帶了一箱零件到立群的店，裡面有 100 條鏈條和 200 個腳踏車座墊，小威一共帶了多少零件？
4. 立群賣一般腳踏車和折疊式腳踏車，他安排了 125 部一般腳踏車，他的助手安排了 40 部折疊式腳踏車做展示。請問他們共展示多少部腳踏車？
5. 立群的主要工作是修煞車把手和補輪胎。第一個星期他修補了 70 個煞車把手和 100 個輪胎；第二個星期，他修補了 105 個煞車把手和 103 個輪胎。請問他共修了多少個煞車把手？
6. 立群在小箱子裝了 324 把螺絲起子，小光將 265 個腳踏車座墊裝進一些箱子，小威在一個箱子裡裝了 113 把鐵鎚，立群和小威共裝了多少件工具？
7. 星期一小光在立群的腳踏車店賣了 3 面旗子和 116 個車牌，後來小光的好朋友小威又來買了 12 面旗子，請問小光共賣了多少東西？
8. 立群騎摩托車騎了 143 公里，小光騎了 216 公里，且用了 40 公升的汽油，請問他們共騎了多少公里？
9. 立群二個星期在店內工作了 110 小時，小光在二星期內工作了 120 小時，且在家中工作 24 小時，他們在店裡共工作多少小時？

10. 立群想要讓大家了解他的腳踏車店，星期一他送出了 421 份簡介，星期二送出了 148 份，星期三送出了 200 份，他共送出了多少份簡介？

答案：*1.* 333 個　　*2.* 537 個

3. 300 個　　*4.* 165 部

5. 175 個　　*6.* 437 個

7. 131 個　　*8.* 359 公里

9. 230 小時　　*10.* 769 份

單元 38

大賣場

1. 林太太替大賣場做了 199 個餐盒，王太太替大賣場做了 201 個餐盒，她們共做了幾個餐盒？
2. 阿輝看見 175 盒蕃茄，阿賢看見 136 盒小黃瓜，他們共看見多少盒蔬菜？
3. 阿輝在右側走廊堆了 144 罐鮪魚罐頭，阿賢在左側走廊堆了 182 罐水梨罐頭，他們共堆了多少罐罐頭？
4. 星期一阿輝賣了 132 公斤的蘋果，星期二阿賢賣了 129 公斤的蘋果，他們共賣了多少公斤的蘋果？
5. 大姊、二姊和小弟想要開一個宴會，他們到大賣場買東西，大姊買了 170 件東西，小弟買了 146 件東西，二姊買了 100 件東西，女孩們總共買了多少件宴會所需物品？
6. 明哲和志清打掃後院，明哲清出了 268 個空罐子，志清清出 121 個空罐子，他們二人同時發現超過 163 個瓶蓋，他們共清出多少容器？
7. 賣場老闆買進一些新鮮蔬菜和水果，有 349 盒葡萄、276 盒玉米、204 盒櫻桃，老闆共買進多少盒水果？
8. 賣場中的肉販切了 634 塊大牛排和 425 塊小牛排，其中 268 塊是有人訂購的，請問肉販共切了幾塊牛排？
9. 明哲拿出 385 盒麥片放在架子上，志清拿出 253 盒麥片放在架子上，明哲另外發現了 369 盒過期的麥片並將它們丟棄，他們二人共放了多少盒麥片在架子上？
10. 冷凍車送來 218 盒水餃和 141 盒冰淇淋，賣場裡原有 202 盒水餃，現在賣場內共有多少盒水餃？

答案：*1.* 400 個　　*2.* 311 盒

3. 326 罐　　*4.* 261 公斤

5. 270 件　　*6.* 389 個

7. 553 盒　　*8.* 1,059 塊

9. 638 盒　　*10.* 420 盒

單元 39

爬山記

俊賢和志清利用了四週的時間去爬山，他倆前三週先後爬了三座山：七星山（標高 2,236 公尺）、奇萊山（標高 3,421 公尺）、合歡山（標高 3,231 公尺）。第四週因為下雨，他倆只好留在帳篷內，放棄爬標高 1,111 公尺的碧山。

爬山前他們準備了許多食物，有餅乾、麵包、巧克力、肉醬、橘子、礦泉水、牛肉乾等。

1. 他們爬的山哪一座最高？
2. 低於 3,000 公尺而高於 2,000 公尺的是哪一座山？
3. 七星山和奇萊山標高合計是多少公尺？
4. 七星山和合歡山標高合計是多少公尺？
5. 七星山、合歡山和奇萊山的標高合計是多少公尺？
6. 假如下雨的不是第四週而是第三週，那麼他們爬過的三座山標高合計是多少公尺？
7. 假如改成第二週下雨，那麼他們所爬的三座山標高合計是多少公尺？
8. 在哪座山上你可以看得最遠？

答案：*1.* 奇萊山　*2.* 七星山
3. 5,657 公尺　*4.* 5,467 公尺
5. 8,888 公尺　*6.* 6,768 公尺
7. 6,578 公尺　*8.* 奇萊山

單元 40

太空旅行

陳博士是「老鷹號」的指揮官，老鷹號上有 25 位太空人。他們已經在太空中旅行了三年，他們到過 451 個太陽系，並且拜訪了無數的星球。第一年他們拜訪了 1,353 顆星球，第二年他們拜訪了 1,426 顆星球，第三年他們拜訪了 1,396 顆星球。在未來的一年，陳博士和他的太空人計畫再去拜訪 1,395 顆或 1,396 顆星球。

1. 陳博士他們在哪一年拜訪的星球最多？
2. 第一年他們拜訪了幾顆星球？
3. 前二年他們總共拜訪了幾顆星球？
4. 第二年和第三年他們共拜訪了幾顆星球？
5. 如果他們在第四年拜訪了 1,395 顆星球，那麼四年來，他們共拜訪了幾顆星球？
6. 如果他們在第四年拜訪了 1,396 顆星球，那麼四年來，他們共拜訪了幾顆星球？
7. 如果第一年太空旅行時是西元 1,979 年，那麼西元 1,980 和 1,981 年他們共拜訪了幾顆星球？

答案：*1.* 第二年　　*2.* 1,353 顆

3. 2,779 顆　　*4.* 2,822 顆

5. 5,570 顆　　*6.* 5,571 顆

7. 2,822 顆

單元 41

溜冰比賽

偉傑學校裡舉辦溜冰比賽，四、五、六年級的小朋友都參加。每一回合有 4 位選手上場，而得到第一名的給 5 分，第二名的給 3 分，第三名的給 1 分，以下就是這次比賽成績的一覽表。

年級＼總分＼班級	一班	二班	三班	各年級總分
六年級	1,322	1,332	1,003	(1)
五年級	1,003	1,423	2,003	(2)
四年級	1,233	322	2,233	(3)
總　分	(4)	(5)	(6)	(7)

1. 請在每一行與每一列中的空格填上正確的答案。
2. 哪一個年級的總積分最多？
3. 哪一個年級的總積分最少？
4. 哪一個班級的總分最多？
5. 哪一個班級的總分最少？

答案：*1.* (1) 3,657　(2) 4,429　(3) 3,788

(4) 3,558　(5) 3,077　(6) 5,239

(7) 11,874

2. 五年級　*3.* 六年級

4. 三班　*5.* 二班

單元 42

小畢的午餐

食物名稱	熱量（卡路里）
牛奶一杯	160
漢堡一個	245
熱狗一根	170
蘋果一顆	70
花生半包	420
蕃茄醬一匙	15
甜甜圈一個	130
起士一片	105

以上是食物所含的熱量，讓我們來看看小畢午餐所吃的食物共含有多少的熱量。

1. 小畢先點了一個漢堡和一個甜甜圈，這些食物共有多少卡路里？
2. 如果小畢加了一匙蕃茄醬在漢堡上，那麼這些食物的熱量又是多少？
3. 還剩下 75 元，小畢又買了一片起士，現在小畢共吃了多少卡路里的食物？
4. 小畢感到有些口渴，又叫了一杯牛奶，算算看小畢吃的總熱量是多少？
5. 小畢現在還是感到有些餓，就買了一根熱狗，並加上一匙蕃茄醬在上面，這兩樣食物又給小畢增加了多少熱量呢？
6. 小畢現在總共吃了多少卡路里的食物？
7. 回家後，小畢又吃了一顆蘋果。這一頓午餐，小畢吃了多少卡路里的食物？

8. 小畢想把桌上的半包花生吃掉，但是又怕午餐的食物會超過 1200 卡路里，你覺得小畢該不該吃？吃了會不會超過呢？

答案：*1.* 375 卡路里　　*2.* 390 卡路里

3. 495 卡路里　　*4.* 655 卡路里

5. 185 卡路里　　*6.* 840 卡路里

7. 910 卡路里　　*8.* 不該吃，會

單元 43

印刷廠

1. 從去年的九月到今年的一月，有 212 位學生在印刷廠裡實習；今年一月到六月又有 104 位學生在印刷廠裡實習。請問這兩年共有多少位學生在廠中實習過？
2. 在開學第一週裡，印刷廠印了 1,228 張學生證、640 張學生名牌及 123 張老師的名牌。請問印刷廠共印了幾張學生使用的物品？
3. 老闆為了省錢而改用絹印，九月裡他印了 711 件運動衫和 192 個手提袋，十月他印了 85 本書的封面及 246 件運動衫。請問九、十月裡，老闆用絹印印了多少件運動衫？
4. 為了十月的舞會，甲班要印製 560 張海報，乙班要印製 409 張海報和 1,852 張門票。請問十月的舞會共需要印製幾張海報？
5. 第一場足球賽，印刷廠印製了 1,485 本報導雜誌，下一場比賽，印刷廠則加印了 302 本。請問第二場足球賽共印了幾本雜誌？
6. 印刷廠在一月份印了 1,200 份校刊，四月份為了兒童節，又要出版慶祝兒童節專刊，所以這次比一月份加印了 342 份，請問這次共印了幾份？
7. 學校家長會會長要求印刷廠印製 813 份名牌，校長也要求印製了 150 份名牌，請問二人共需要多少份名牌？
8. 印刷廠裡有二架機器，一架每小時印 600 份，另一架每小時印 250 份，如果兩架同時開動，則一小時可印多少份？
9. 學校將舉辦師生籃球賽，為了這場球賽，印刷廠印製了 300 張綠色學生票、200 張綠色教師票、459 張紅色教師票和 658 張籃球學生票，請問共印製了多少張學生票？

10. 英文老師請印刷廠印製短篇故事 425 份、長篇故事 352 份和詩集 468 份，請問印刷廠為英文老師共印製了多少份故事？

答案：

1. 316 位	*2*. 1,868 張
3. 957 件	*4*. 969 張
5. 1,787 本	*6*. 1,542 份
7. 963 份	*8*. 850 份
9. 958 張	*10*. 777 份

單元 44

公分的觀念

1. 小英有 48 公分長的藍色緞帶，她又買了 19 公分的藍色緞帶，請問現在她的緞帶共有幾公分？
2. 小美有 132 公分的繩子，但是她還需要 180 公分，請問她共需要多長的繩子？
3. 小明有 230 公分的繩子，他又去買了 199 公分，現在他的繩子共有多長？
4. 王家的蘋果樹高 320 公分，李家的蘋果樹只比王家的高 50 公分，請問李家的樹高多少？
5. 小華測量他的臥室，發現長比寬多了 190 公分。臥室的寬度是 390 公分，請問臥室的長度是多少？
6. 小珍有 210 公分的布，在拍賣會中她又買了 97 公分，請問她現在有多少公分的布？
7. 王伯伯有一輛 360 公分長的汽車。張伯伯的汽車又比王伯伯的長了 90 公分，請問張伯伯的汽車有多長？
8. 李叔叔有一幅 35 公分長的圖畫，他想要做一個比圖畫長 6 公分的畫框，請問畫框的長度應該是多少公分？

答案：*1.* 67 公分　　*2.* 312 公分

3. 429 公分　　*4.* 370 公分

5. 580 公分　　*6.* 307 公分

7. 450 公分　　*8.* 41 公分

單元 45

垃圾處理

超級城市裡有人口 126,593 人、60 公里的街道，以及 27,805 間房子和公寓等建築。城市裡的清潔隊員每個星期一都要負責將所有的廢物和其他的東西運送到垃圾場。清潔隊裡有隊員 47 位男士和 6 位女士，有垃圾車 11 輛。

上個星期他們在北區收集了 492 噸的垃圾，在南區收集了 1,213 噸的垃圾。除了南、北兩區之外，在東區收集了 1,131 噸的垃圾，西區則收集了 2,244 噸的垃圾。

1. 在上星期中，超級城市的哪一區被收集的垃圾最多？
2. 你認為超級城市的哪一區人口最少？為什麼？
3. 超級城市的哪一區人口最多？為什麼？
4. 在北區和南區共收集了多少噸的垃圾？
5. 在超級城市裡共收集了多少噸的垃圾？
6. 上星期一和星期二，東區因為下雨而暫停收集垃圾，那麼在超級城市中共收集了多少垃圾？
7. 北區、南區和西區共收集了多少噸的垃圾？
8. 在東區、北區共收集了多少噸的垃圾？

答案：*1.* 西區　*2.* 北區，垃圾量最少

3. 西區，垃圾量最多　*4.* 1,705 噸

5. 5,080 噸　*6.* 3,949 噸

7. 3,949 噸　*8.* 1,623 噸

單元 46

747 型飛機

在中正國際機場先後降落了五架 747 型的飛機。最先降落的是西北航空公司的，其載客量為 339 人；第二降落的是中華航空公司的，其載客量為 342 人；第三降落的是國泰航空公司的，其載客數量為 301 人；第四降落的是義大利航空公司的，其載客量為 317 人；最後降落的是南非航空公司的，其載客量為 314 人。

1. 哪一家航空公司所載的乘客最少？
2. 載有 301 位乘客，第三降落的是哪一家航空公司的飛機？
3. 最先降落的兩架飛機，共有多少位乘客？
4. 最後降落的三架飛機，共有多少位乘客？
5. 這五架飛機共有多少位乘客？
6. 如果義大利航空公司和西北航空公司的每一位乘客至少都攜帶了一件行李，那麼前往行李倉取行李的人共有多少？
7. 請按所載人數的多寡，排列出各航空公司的名稱。

答案：*1.* 國泰航空公司　　*2.* 國泰航空公司

3. 681 位　　*4.* 932 位

5. 1,613 位　　*6.* 656 位

7. 中華、西北、義大利、南非、國泰

單元 47

徒步旅行

王伯伯、李伯伯、吳伯伯和張伯伯四人決定去徒步旅行三個月。他們旅行的紀錄如下：

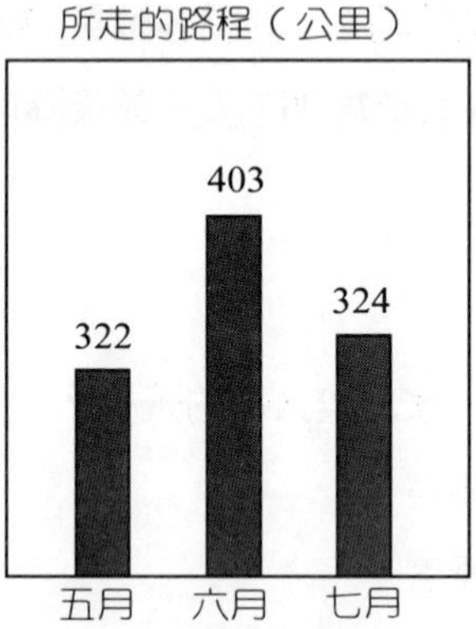

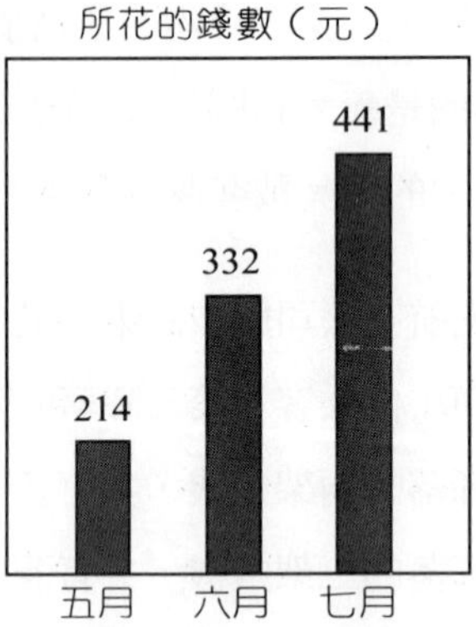

1. 前二個月所走的路程共是多少？
2. 後二個月所走的路程共是多少？
3. 三個月所走的路程共是多少？
4. 在哪個月中所走的路程是最多的？
5. 在哪個月中所走的路程是最少的？
6. 哪個月花費最多？
7. 哪個月花費最少？
8. 在三個月中一共花了多少錢？
9. 前二個月花了多少錢？
10. 後二個月花了多少錢？

答案：*1.* 725 公里　*2.* 727 公里

3. 1,049 公里　*4.* 六月

5. 五月　*6.* 七月

7. 五月　*8.* 987 元

9. 546 元　*10.* 773 元

單元 48

小傑的晚餐

食物名稱	熱量（卡路里）
牛奶一杯	160
綠豆湯一碗	30
烤馬鈴薯	90
麵包一片	60
牛排一小片	330
冰淇淋	208
葡萄柚半個	58
巧克力蛋糕一塊	195

以上是食物所含的熱量，讓我們來看看小傑晚餐所吃的食物共含有多少的熱量。

1. 小傑晚餐的主食，包括一小片牛排和烤馬鈴薯，這二項食物的熱量共有多少？
2. 除了以上的牛排和烤馬鈴薯外，小傑又喝了一碗綠豆湯和一杯牛奶，現在小傑吃進多少熱量了？
3. 小傑喜歡在晚餐中有麵包，在桌上的三片麵包中，小傑吃了兩片，請問這兩片麵包的熱量有多少？
4. 包括麵包，小傑已經在晚餐中吃進了多少熱量？
5. 小傑又喝了一杯牛奶，現在小傑的晚餐共吃了多少卡路里的食物？
6. 小傑決定飯後吃半個葡萄柚，這樣他總共吃了多少卡路里的熱量？
7. 到了宵夜時間，小傑有些餓了。冰箱裡有冰淇淋和巧克力蛋糕，為了不使今天晚上吃進食物的熱量在 1,150 卡以上，小傑應該選擇哪一個呢？

答案：*1.* 420 卡路里　　*2.* 610 卡路里

3. 120 卡路里　　*4.* 730 卡路里

5. 890 卡路里　　*6.* 948 卡路里

7. 巧克力蛋糕

單元 49

超級市場

1. 王太太買了一盒 150 元的蜂蜜蛋糕、一盒 135 元的巧克力蛋糕，還有一盒 145 元的檸檬蛋糕。請問王太太共花了多少錢買蛋糕？
2. 張太太買二罐茶葉花了 260 元，一盒餅乾花了 105 元，一包魷魚絲花了 170 元。請問張太太共花了多少元？
3. 有一家新開的超級市場正在拍賣植物。李太太買了一盆 359 元的蘭花，林太太買了一盆 258 元的榕樹，陳太太買了一盆 400 元的鬱金香。請問這些太太們總共花了多少元？
4. 小美買了一盒 100 元的枇杷、一盒 243 元的水梨、一盒 106 元的蘋果和一盒 200 元的水蜜桃。請問小美共花了多少錢買水果？
5. 劉先生買了 153 元的牛肉、125 元的雞肉，和比雞肉的價錢多 106 元的豬肉。請問豬肉的價錢是多少？
6. 本週冰淇淋和餅乾都減價，大盒冰淇淋每盒 124 元，大盒餅乾每盒 104 元。如果小明買了一盒大盒餅乾和一盒大盒冰淇淋，總共要花多少錢？
7. 16 瓶可口可樂的價錢是 360 元，如果高太太買了 16 瓶可口可樂和一盒 200 元的餅乾，她一共要花多少元？
8. 小英和小玉各買了一盒 150 元的餅乾後，小英還買了一盒 243 元的蛋糕，小玉也買了一盒 141 元的蘋果。請問小英花了多少元？
9. 梁先生買了 4 罐魚罐頭花了 145 元，還買了一盒 103 元的餅乾和 5 罐肉罐頭。5 罐肉罐頭的價錢是 202 元，請問梁先生共花了多少元？
10. 吳太太買了 425 元的食物，準備煮一頓豐盛的午餐，還買了一盆 150 元的蘭花及 261 元的蛋糕。請問吳太太花了多少錢買食物？

答案：*1.* 430 元　　*2.* 535 元

3. 1,017 元　　*4.* 649 元

5. 231 元　　*6.* 228 元

7. 560 元　　*8.* 393 元

9. 450 元　　*10.* 686 元

單元 50

停車場

1. 某立體停車場的第一層可停放 106 輛車子，第二層可停放 212 輛車子，第三層可停放 220 輛車子。第一層和第二層共可停放多少輛車子？
2. 昨天早上有 118 輛的自用轎車、37 輛的機關用交通車和 14 輛的卡車停放在第二層。請問昨天停放在第二層的車子共有幾輛？
3. 在一小時中，有 65 輛本國出廠的車、37 輛外國出廠的車和 7 輛卡車停在停車場。在這一小時中，共有多少輛車子停放在停車場中？
4. 第二層的停車場本來可以停放 212 輛車子，現在只停放了 65 輛車子，第三層的停車場停放了 56 輛汽車及 16 輛卡車。這兩層總共停放了多少輛車子？
5. 有一天下午，停車場停放了 45 輛四門的汽車、52 輛兩門的汽車和 11 輛旅行車。如果旅行車不算，那麼停車場總共停放了幾輛汽車？
6. 這一個月的第一天，有 470 輛汽車停放在停車場，第二天停放在停車場的車輛比第一天多 45 輛。請問第二天停放了幾輛汽車？
7. 假如停車場的第一層可容納 142 輛汽車，第二層可容納 100 輛汽車和 25 輛大卡車或貨車。第三層可容納 75 輛汽車和 40 輛大型車。請問停車場共可停多少輛普通汽車？
8. 利用第 7 題的資料回答此問題：共有多少輛大型車可以停放在這個停車場中？

答案：*1.* 318 輛　　*2.* 169 輛

3. 109 輛　　*4.* 137 輛

5. 97 輛　　*6.* 515 輛

7. 317 輛　　*8.* 65 輛

單元 51

出遊

小華邀了小明、小強、小雄和小龍，小英邀了小美、小玉、小珍和小鳳，一共十個人一起出去玩。小華身上有 122 元，小明有 114 元，小強有 101 元，小雄有 100 元，小龍有 111 元，小英有 100 元，小美有 112 元，小玉有 102 元，小珍有 102 元，小鳳有 103 元。一路上他們看到了好多東西，有價值 30 元的木製大象、25 元的益智盤、50 元的飛機模型、20 元的玩具小貓、20 元的冰淇淋和 20 元的項鍊。

1. 小強想要買木製大象和飛機模型，共要花多少元？
2. 小鳳想要吃冰淇淋、買玩具小貓和項鍊，共要花多少元？
3. 小華、小明和小龍三人共有多少元？
4. 小美說她和小玉、小珍合起來的錢比小雄、小強和小明合起來的錢多。到底是這些男孩們的錢多，還是女孩們的錢多？
5. 哪一位女孩所帶的錢最多？
6. 哪一位女孩所帶的錢最少？
7. 哪一位男孩所帶的錢最多？
8. 哪一位男孩所帶的錢最少？
9. 小鳳和小玉合起來的錢比小雄和小華合起來的錢多嗎？
10. 小英和小珍共有多少元？

答案：1. 80 元　　2. 60 元

3. 347 元　　4. 女孩多

5. 小美　　6. 小英

7. 小華　　8. 小雄

9. 不是，小雄和小華合起來比較多

10. 202 元

單元 52

暑期工讀

甲、乙二人利用暑假時間去找工作，找到的幾份工作均由兩人合作完成。第一份工作是畫表格填數字的統計工作。甲負責畫表格，乙負責填寫數字及統計結果。甲領到了 398 元的薪資，乙領到了 834 元的薪資。第二份工作是批改測驗卷及登記學生姓名、成績。甲負責登記的工作，乙負責批改考卷；甲領到了 737 元，乙領到了 1,159 元。最後一份工作是替人看守房子，甲每日看守 10 小時，乙每日看守 14 小時。甲得到了 972 元的報酬，乙得到了 1,372 元的報酬。

1. 甲、乙兩人在第一份工作中共賺了多少元？
2. 甲、乙兩人在第二份工作中共賺了多少元？
3. 甲、乙兩人在最後一份工作中共賺了多少元？
4. 甲在這三份工作中共賺了多少元？
5. 乙在這三份工作中共賺了多少元？
6. 甲在哪一份工作中所賺的錢最多？
7. 甲在哪一份工作中所賺的錢最少？
8. 乙在哪一份工作中所賺的錢最多？
9. 乙在哪一份工作中所賺的錢最少？

答案：*1.* 1,232 元　*2.* 1,896 元　*3.* 2,344 元
4. 2,107 元　*5.* 3,365 元　*6.* 看守房子
7. 畫表格　*8.* 看守房子　*9.* 填寫數字及統計結果

單元 53

帳單

下面是小莉的姊姊在某個月中所記的帳：

名稱	錢數
一件衣服	244
同學的生日禮物	133
一雙皮鞋	333
一條項鍊	164
原子筆	21
樂捐	266
筆記本	23

1. 小莉的姊姊樂捐了多少元？
2. 同學的生日禮物和一雙皮鞋共花了多少元？
3. 一條項鍊和原子筆共花了多少元？
4. 一條項鍊和筆記本共花了多少元？
5. 同學的生日禮物和一條項鍊共花了多少元？
6. 一件衣服和原子筆共花了多少元？
7. 如果小莉的姊姊每個月只有 50 元的額外開支，那麼她只能買哪兩樣東西？
8. 一件衣服比同學的生日禮物貴多少元？
9. 一雙皮鞋比一件衣服多多少元？

答案：*1.* 266 元　　*2.* 466 元

3. 185 元　　*4.* 187 元

5. 297 元　　*6.* 265 元

7. 原子筆和筆記本　　8. 111 元

9. 89 元

單元 54

生日禮物

還有兩個星期就是小玲爺爺的生日了，六個孫兒女把錢湊在一塊，一共是 9,348 元，打算買些禮物送給爺爺，他們來到了百貨公司，看到了下列的東西：

一組文房四寶	1,997 元
一個煙灰缸	307 元
一套歷史故事書	3,299 元
一條毛毯	699 元
一件睡衣	289 元
一枝鋼筆	989 元
一台音響	5,997 元
一個國劇臉譜模型	949 元

1. 買一套歷史故事書和一台音響共要多少元？
2. 買一台音響和一個國劇臉譜模型共要多少元？
3. 買一枝鋼筆、一件睡衣和一套歷史故事書共要多少元？
4. 如果你買了所有低於 1,000 元的東西，那麼共要花多少元？
5. 買一個煙灰缸、一件睡衣和一個國劇臉譜模型共要多少元？
6. 買一組文房四寶、一個煙灰缸和一套歷史故事書共要多少元？
7. 買一組文房四寶、一個國劇臉譜模型和一個煙灰缸會不會比買一套歷史故事書還要貴？
8. 如果你買一台音響、一枝鋼筆、一組文房四寶和一條毛毯，會不會超過 9,348 元？
9. 哪一樣東西最貴？

10. 哪一樣東西最便宜？

答案：*1.* 9,296 元　　*2.* 6,946 元

3. 4,577 元　　*4.* 3,233 元

5. 1,545 元　　*6.* 5,603 元

7. 不會　　*8.* 會

9. 音響　　*10.* 睡衣

單元 55

算算看

1. 在大減價中，小華花了 368 元買了一本精美的相本，如果這個價錢比平常的價錢便宜了 201 元，那麼這本精美的相本在非減價時間應是多少元？
2. 小美買了一些玩具送給弟妹玩。他買了一隻 482 元的玩具熊、一隻 306 元的玩具大象以及一隻 109 元的玩具狗。小美共花了多少元？
3. 小玉花了 795 元買了一套衣服，又花了比衣服多 200 元的錢買了一條項鍊。小玉共花了多少元？
4. 王太太花了 42,550 元買了一台新的電視機，李太太也花了 55,024 元買了一台新的電視機，張太太則花了 4,061 元買了一台二手電視機。他們一共花了多少元？
5. 小華在星期一買了一本 620 元的畫冊，星期二又買了一本 358 元的畫冊。他的朋友在星期二也買了一本 300 元的畫冊。小華在星期一和星期二共花了多少元？
6. 小玲在大減價中省了 225 元，以 740 元買了一件毛衣，如果不是在大減價中，小玲買這件毛衣應花多少元？
7. 小慧花了 408 元買了二本吉他彈奏的書，還花了 301 元買了一本鋼琴彈奏本，以及花了 689 元買了二本音樂家的畫冊。小慧一共花了多少元？
8. 小英和小琪各買了一個 552 元的書架。小英又買了一套 325 元的書，小琪也買了一套 431 元的書。小英一共花了多少元？
9. 小明想買三件T恤，他已經存了 820 元，但是還差 149 元才能買三件，如果他只買其中的二件，就只要花 631 元。三件 T 恤共要多少元？

10. 小莉存了三個月的錢，剛好只夠買總價為 681 元的二隻玩具熊和一隻 100 元的玩具狗，還不夠再買一隻 203 元的玩具大象。小莉共存了多少元？

答案：

1. 569 元	*2.* 897 元
3. 1,790 元	*4.* 101,635 元
5. 978 元	*6.* 965 元
7. 1,398 元	*8.* 877 元
9. 969 元	*10.* 781 元

單元 56

買腳踏車

1. 小華和小明到腳踏車行買了 2 輛新的腳踏車，小華買了一輛小的，價值 3,583 元，小明買了一輛較大的，價值 4,889 元。他們二人的車共要多少元？
2. 小強買了一輛價值 1,281 元的舊腳踏車，換新的坐墊花了 175 元，換車胎花了 245 元，他共花了多少整修的錢？
3. 小美買了一輛價值 1,807 元的舊腳踏車之後，又多花了 163 元整修，她共花了多少元？
4. 王伯伯已和人談妥要買一輛價值 1,189 元的腳踏車，王伯伯的兒子同時也花了 3,987 元買了一輛腳踏車。王家總共花了多少錢去買腳踏車？
5. 小華買了一輛 785 元的腳踏車，小明買了一輛比小華的還要貴 390 元的腳踏車，小明的腳踏車是多少元？
6. 張伯伯開了一家腳踏車行，星期一賣出一輛 869 元的腳踏車，星期二賣出了一輛 1,673 元的腳踏車，星期三賣出了一輛 5,897 元的腳踏車。張伯伯三天賣出的腳踏車共多少元？
7. 王伯伯想買一輛 4,828 元的腳踏車，以及一個 168 元的煙灰缸。李伯伯則想買一輛比王伯伯的車還要貴 183 元的腳踏車。李伯伯想買的腳踏車價錢是多少？
8. 小玲買了一輛 4,999 元的腳踏車，這些錢有些是向爸爸借的，有些是向媽媽借的。向爸爸借的錢比向媽媽借的多 357 元，如果媽媽借給她 294 元，那麼爸爸借給她多少元？
9. 小英要買一輛漂亮的腳踏車，她現在有 4,825 元但還差 829 元。請問小英要買的腳踏車是多少元？

10. 小強看中一輛 785 元的腳踏車，小慧看中意的腳踏車比小強的還要貴 390 元，請問小慧看中的車子是多少元？

答案：*1.* 8,472 元　*2.* 420 元

3. 1,970 元　*4.* 5,176 元

5. 1,175 元　*6.* 8,439 元

7. 5,011 元　*8.* 651 元

9. 5,654 元　*10.* 1,175 元

單元 57

賣書的人

一群賣書的朋友聚在一起談論書價。王小姐說她賣的一套有關歷史故事的書價錢是 3,224 元，一套有關旅遊指南的書價錢是 3,342 元，等到明年，歷史故事的書要漲 110 元，旅遊指南的書則要漲 124 元。李小姐說她所賣的一套有關歷史故事的書價錢是 3,325 元，一套有關旅遊指南的書是 3,314 元，等到明年，歷史故事的書會漲 131 元，旅遊指南的書則會漲 142 元。

張先生也是賣書的，他說他所賣的一套有關歷史故事的書價錢是 3,112 元，一套有關旅遊指南的書價錢是 3,041 元，還有一種敘述各國風土民情的書，平裝本一套是 2,331 元，精裝本一套是 3,111 元。

1. 哪一種書最貴？
2. 哪一種書最便宜？
3. 如果你向王小姐買一套有關歷史故事的書和一套有關旅遊指南的書，共要花多少元？
4. 如果你向每一位賣書人買一套有關歷史故事的書，共要花多少元？
5. 如果你買了兩套不同類型有關旅遊指南的書，但是並不是向張先生購買，那麼共花了多少元？
6. 明年向王小姐買一套有關歷史故事的書共要多少元？
7. 明年向李小姐買一套有關旅遊指南的書共要多少元？
8. 各買一套敘述各國風土民情的平裝本和精裝本共要多少元？
9. 明年向王小姐和李小姐各買一套有關歷史故事的書共要多少元？
10. 向每一位賣書人買一套有關旅遊指南的書共要花多少元？

答案：*1.* 王小姐賣的旅遊指南

2. 張先生賣的各國風土民情平裝本

3. 6,566 元 *4.* 9,661 元

5. 6,656 元 *6.* 3,334 元

7. 3,456 元 *8.* 5,442 元

9. 6,790 元 *10.* 9,697 元

單元 58

傢俱拍賣

傢俱拍賣店中出售很多很多的東西。一位女士花了 499 元買一樣臥室用具及 233 元的廚房用具；一位帶著小男孩的高大男士買了一張 139 元的椅子及一張 479 元的桌子；一位帶著小女孩的高大男士買了一個 379 元的書架及一個 164 元的鞋架；一位帶著孫子的老人買了一張 329 元的椅子、一盞 173 元的檯燈和一張 172 元的小板凳。

1. 買臥室及廚房用具的那位女士共花了多少元？
2. 帶著小男孩的高大男士買了哪二樣東西？
3. 誰買了最多樣的東西？
4. 帶著小女孩的高大男士共花了多少元？
5. 帶著孫子的老人共花了多少元？
6. 誰買了一張桌子？
7. 那二位高大男士共花了多少元？
8. 上文中所有的人共花了多少元？

答案：*1.* 732 元　*2.* 椅子、桌子

3. 帶著孫子的老人　*4.* 543 元

5. 674 元　*6.* 帶小男孩的高大男士

7. 1,161 元　*8.* 2,567 元

單元 59

年終大拍賣

××公司在報上登了這樣的廣告：

年終大拍賣		拍賣價
男孩的藍襯衫	322 元	233 元
男孩的紅襯衫	431 元	322 元
女孩的夾克	550 元	453 元
男孩的夾克	444 元	343 元
男孩的長褲	444 元	342 元
女孩的長褲	441 元	344 元
女孩的黃上衣	273 元	234 元
女孩的橙色上衣	334 元	301 元

1. 在拍賣期間，買一件紅襯衫要多少元？
2. 在拍賣之前，買一件女孩的夾克要多少元？
3. 在拍賣期間，買一件紅襯衫和一件藍襯衫共要多少元？
4. 在拍賣期間，買一件黃上衣和一件橙色上衣共要多少元？
5. 在拍賣之前，買一件紅襯衫和一件男孩的長褲共要多少元？
6. 在拍賣期間，買二件女孩的長褲要多少元？
7. 在拍賣期間，買一件男孩的夾克和一件女孩的夾克共要多少元？
8. 在拍賣期間，買一件橙色上衣和一件女孩的夾克共要多少元？
9. 在拍賣期間，買二件橙色的上衣共要多少元？
10. 在拍賣期間，買一件藍襯衫、一件橙色上衣和一件女孩的夾克共要花多少元？

答案：*1.* 322 元　　*2.* 550 元

3. 555 元　　*4.* 535 元

5. 875 元　　*6.* 688 元

7. 796 元　　*8.* 754 元

9. 602 元　　*10.* 987 元

單元 60

百貨店

	一般價錢	拍賣價錢
皮鞋	594	437
洋裝	689	591
餐具	704	669
電風扇	2,145	1,625
玩具鐘	125	99

1. 小英以拍賣的價錢買了一雙皮鞋、一台電風扇和一個玩具鐘，她共花了多少元？
2. 在還沒有拍賣之前，小慧買了一套餐具，在開始拍賣後，她又為她哥哥買了一雙皮鞋，小慧一共花了多少元？
3. 李伯伯為他的女兒買了一套餐具，因為正好是在拍賣期間，所以他又另買了總價為 324 元的一些東西。李伯伯一共花了多少元？
4. 小玲決定買這家的電風扇，因為這家電風扇的拍賣價錢比別家便宜了 379 元，別家的電風扇是賣多少元？
5. 小明買了一台電風扇和一個玩具鐘，這些都是以拍賣價買來的，小明一共花了多少元？
6. 明年皮鞋的一般價錢將會提高 29 元，到了明年，皮鞋的一般價錢是多少呢？
7. 承接第 6 題，如果明年還是會有拍賣，皮鞋所減少的錢數和今年所減少的錢數一樣，那麼明年皮鞋的拍賣價錢是多少？

8. 承接第 6 題，明年洋裝的一般價錢也會提高。如果洋裝提高的價錢比皮鞋提高的價錢還要多 198 元，那麼洋裝的價錢是多少？

答案：

1. 2,161 元	*2.* 1,141 元
3. 993 元	*4.* 2,004 元
5. 1,724 元	*6.* 623 元
7. 466 元	*8.* 916 元

單元 61

超級商店

1. 張先生擁有一家超級商店，店裡有 5 部現金收銀機，因為生意太好了，他覺得需要 8 部現金收銀機才夠用。請問張先生需要再增加多少部現金收銀機？
2. 大朋是超級商店的僱員，他一星期上班 6 天，一天工作 8 小時。今天他已工作 4 小時了，請問大朋今天要再工作多少小時？
3. 大朋有一次加班 4 小時來整理架子上的貨物。他花 1 小時擦架子，總共用掉了 2 瓶的清潔劑，另外他也花了一些時間來排貨，在晚上 8 點以前總算完成了這項工作。請問大朋排貨花了多少小時？
4. 昨天早晨張先生在貨架上放了 17 盒的餅乾，下午他看到貨架上只剩 4 盒餅乾還沒有賣出去。請問昨天商店賣出了多少盒餅乾？
5. 超級商店內有 92 台購物車要給客人使用，用完之後要再放回原來的地方。有一天下午，張先生在店內發現 29 台購物車沒有放在規定的地方，他順手推了 8 台回原處，那麼店內還有多少台購物車沒有放回原來的地方？
6. 林太太需要 9 公斤的麵粉做包子，她在超級商店裡找到一大包麵粉，但是只有 6 公斤重，因此她需要再找一包多少公斤的麵粉？
7. 張先生為了慶祝開店滿五年，舉辦了 15 天的特賣會，把很多物品以特價賣出。其中，有 16 瓶的高級醬油要特賣，到了第 10 天時，店裡只剩 1 瓶高級醬油。請問特價的時間還有多少天？
8. 大朋今天接到 5 打飲料後，店裡有了 18 打的飲料，其中有 6 打飲料是可口可樂，請問店裡原來有多少打的飲料？
9. 張先生覺得生意太忙了，所以決定今年多雇用 3 名上全日班的工作人員。現在店裡有 9 名全日班的工作人員和 4 名半天班的工作人員，請問去年原本店裡有多少名上全日班的工作人員？

答案：*1.* 3 部　　*2.* 4 小時

3. 3 小時　　*4.* 13 盒

5. 21 台　　*6.* 3 公斤

7. 5 天　　*8.* 13 打

9. 6 名

單元 62

還有多少

1. 小華有 18 顆彈珠，他丟掉 9 顆之後，還剩下幾顆彈珠？
2. 大偉有 14 輛火柴盒小汽車，有一天他送給表弟 9 輛小汽車。請問現在他還有多少輛小汽車？
3. 阿玉摺了 15 隻紙鶴，並送了 8 隻給別人，請問阿玉還有多少隻紙鶴？
4. 洪家兄弟有 13 塊卡通蛋糕，哥哥吃掉了 4 塊卡通蛋糕，請問洪家兄弟現在還有多少塊卡通蛋糕？
5. 胡小萍除了有 13 枝彩色筆之外，還有 6 枝鉛筆，她畫圖用完了 9 枝彩色筆，請問她還剩幾枝彩色筆？
6. 黃小玲有 12 本漫畫書，今天下午她看完了 2 本漫畫書和 4 課的國語課文，請問她有多少本漫畫還沒有看？
7. 小安書包裡有 17 個積木，鉛筆盒裡有 4 枝筆，他拿出了 8 個積木送給表哥，請問小安還有多少個積木？
8. 阿雄有 14 個水果，阿建有 6 個李子。阿雄拿出了 7 個水果送給好朋友阿忠，請問阿雄還有幾個水果？

答案：*1.* 9 顆　　*2.* 5 個

3. 7 隻　　*4.* 9 塊

5. 4 枝　　*6.* 10 本

7. 9 個　　*8.* 7 個

單元 63

小小拍賣場

小利和小艾約好在第一塊招牌下集合一起到小小拍賣場去。第一塊招牌上寫著「到小小拍賣場只有 19 公里」。他們走了大約 6 公里後，看到第二塊招牌寫著「向右轉」。他們向右轉，走了大約 2 公里，又見到了另一塊招牌「左轉」。不久他們到達了拍賣場，發現每一件文具都低於 20 元。一個鉛筆盒 17 元、長尺一支 11 元、橡皮擦一個 8 元、膠帶一捲 19 元。小利和小艾只花了 20 分鐘就把全場繞了一圈，他們看到筆記本一本 13 元、書套一個 3 元、星座項鍊一條 10 元。小利繞了一圈總共花了 964 元，回家的路上，小利告訴小艾他買了些什麼東西。

1. 小利給店員 15 元，買一支長尺，請問店員要找給他多少元？
2. 一捲膠帶比一個橡皮擦貴多少元？
3. 小利拿 5 元買一個書套，還可找回多少元？
4. 一個鉛筆盒比一支長尺貴多少元？
5. 膠帶一捲比星座項鍊一條貴多少元？
6. 小利想把買星座項鍊的錢改買長尺，請問他必須再加多少錢才能買到長尺？
7. 哪一項物品的價錢最低？
8. 從第一個招牌到拍賣場有多遠？
9. 從第二個招牌到拍賣場有多遠？

答案：*1.* 4 元　　*2.* 11 元
3. 2 元　　*4.* 6 元
5. 9 元　　*6.* 1 元
7. 書套　　*8.* 19 公里
9. 13 公里

單元 64

郵差先生

今天是王大年第一天當郵差的日子。他先在中正路投送了 19 家的信，中山路投送了 9 家的信。他也在南昌街投送了 17 家的信，以及福州街投送了 8 家的信。送完了這四條街的信之後，王大年休息一會，又到下一條街上送信。他先在和平東路投送了 16 家的信，仁愛路投送了 9 家的信和信義路投送了 14 家的信，等到這些信全部送完，王大年就騎著車回家吃午飯了。

1. 王大年投送到中正路的信比投送到中山路的信多幾家？
2. 在中山路投送的信要增加幾家，才能和南昌街的家數一樣？
3. 九點以前王大年已經在中正路投送了 11 家的信，請問在中正路上王大年還有幾家沒投？
4. 王大年投送到信義路的信比投送至仁愛路的信多幾家？
5. 仁愛路須要增加幾家，才能使投送的信和和平東路一樣？
6. 哪二條路（街）所投送的信是一樣的？
7. 哪一條路（街）投送的信最多？
8. 哪一條路（街）投送的信最少？
9. 在中山路所投送的信比在福州街所投送的信多多少家？
10. 在仁愛路所投送的信比在福州街所投送的信多多少家？

答案：*1.* 10家　*2.* 8家
3. 8家　*4.* 5家
5. 7家　*6.* 中山路和仁愛路
7. 中正路　8. 福州街
9. 1家　*10.* 1家

單元 65

校際杯棒球賽

各場比賽分數一覽表

場次	勝隊	分數	敗隊	分數
1	中正	7	和平	5
2	仁愛	16	南門	14
3	百齡	9	龍山	4
4	士林	13	華江	13
5	古亭	8	明倫	2
6	大直	11	螢橋	1
7	北投	4	金華	0

1. 中正隊贏和平隊幾分？
2. 士林隊贏華江隊幾分？
3. 螢橋隊還要再得幾分，才能和大直隊戰成平手？
4. 明倫隊輸給古亭隊幾分？
5. 有一支隊伍都沒有得分，這支隊伍輸給對方幾分？
6. 仁愛隊贏南門隊幾分？
7. 南門隊得了 14 分，輸給了對方，北投隊得了 4 分，卻贏了對方，請問南門隊比北投隊多得幾分？
8. 龍山隊打了一個 4 分全壘打，請問他們是否贏了比賽？
9. 仁愛隊的分數比士林隊的分數多幾分？
10. 分數最高的一隊是仁愛隊，最低的一隊是金華隊，這二隊分數相差多少？

答案：*1.* 2分　　*2.* 0分
3. 10分　　*4.* 6分
5. 4分　　*6.* 2分
7. 10分　　*8.* 沒有
9. 3分　　*10.* 16分

單元 66

越野車競賽場

星期五終於來臨，美莉非常興奮，她正打算去越野車的競賽場。她有許多問題，讓我們和美莉一起去競賽場並且回答她的問題。

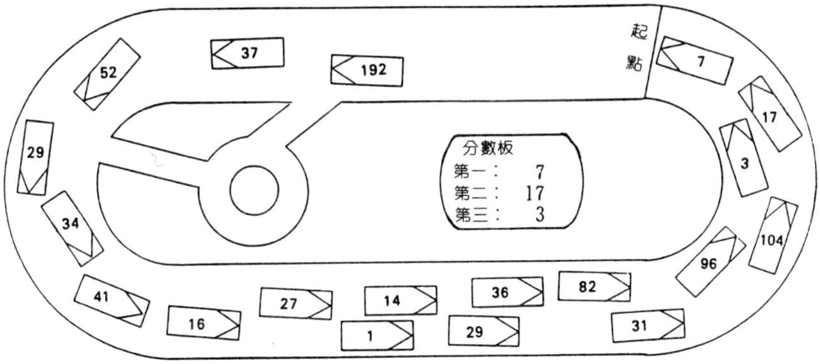

1. 跑在 96 號車前的有幾部車？
2. 哪部車是在第 8 個位置？
3. 這是一個 15 圈的競賽，這些車已經跑了 9 圈，還要跑幾圈？
4. 在 192 號車前面到 16 號車共有幾部車？
5. 27 號車要贏過幾部車，才能超越 96 號車？
6. 37 號車是在哪一個位置？
7. 在 96 號車後面到 52 號車共有幾部車？
8. 41 號車是在第 14 個位置。41 號車前面到 3 號車共有幾部車？
9. 192 號車必須贏過幾部車才能超越 37 號車？
10. 14 號車是在第 10 的位置，14 號車前面到 17 號車共有幾部車？
11. 36 號車後面到 52 號車共有幾部車？

答案：*1.* 4 部　*2.* 36 號　*3.* 6 圈

4. 6 部　*5.* 7 部　*6.* 由起點算起第 18 部車

7. 12 部　*8.* 11 部　*9.* 1 部

10. 8 部　*11.* 9 部

單元 67

自然課

1. 許老師在九月份教他的班級做 8 個自然實驗，其中有 3 個實驗還沒有評分。請問許老師已經評分幾個實驗了？
2. 許老師在第一次測驗時，出了 9 題問答，第二次測驗比第一次少出 2 題問答。請問第二次測驗有幾題問答？
3. 阿輝寫了 9 頁自然習作，小惠比他少寫了 3 頁，小湄又比阿輝少寫了 1 頁。請問小湄寫了幾頁自然習作？
4. 許老師給三年一班 8 題自然科作業，給三年二班 4 題自然科作業。三年一班比三年二班多做了幾題自然科作業？
5. 星期一，明哲看到 3 隻小雞孵出來；星期二，明哲又看到 7 隻小雞和 2 隻小鳥孵出來。星期二孵出的小雞比孵出的小鳥多幾隻？
6. 王老師的班級種了 9 排蕃茄和 7 排萵苣；林老師的班級種了 6 排蕃茄。王老師的班級比林老師的班級多種了幾排蕃茄？
7. 去年五年級看了 8 場自然科學電影，六年級看了 3 次幻燈片和 6 場自然科學電影。五年級比六年級多看了幾場自然科學電影？
8. 曉雯帶來 4 種不同的礦石，書萍帶來 7 種不同的礦石，瑞芬也帶來不同的礦石，但比曉雯少 2 種。請問瑞芬帶來了幾種礦石？
9. 許老師花了 6 天的時間找到一種特殊的蝴蝶並帶給同學看，王老師花了 5 天的時間找到同樣的蝴蝶。許老師多花幾天時間才找到那種蝴蝶？
10. 許老師的班級要寫關於著名發明家的報告，小莉的報告是 4 頁，小惠的報告比小莉少 1 頁，志清的報告比小莉多 2 頁。請問小惠的報告有幾頁？

11. 在自然科競賽中，小惠獲得一張獎狀，因為她栽培的植物在三個月的時間長了 9 公分。小惠的植物比小偉的高 3 公分，請問小偉的植物有多高？

12. 文翔花了 3 個月準備科學展，小雄比文翔多花 1 個月時間，文翔比小嘉多花 1 個月時間。小嘉花了多少時間準備科學展？

答案：*1.* 5 個　*2.* 7 題　*3.* 8 頁

4. 4 題　*5.* 5 隻　*6.* 3 排

7. 2 場　*8.* 2 種　*9.* 1 天

10. 3 頁　*11.* 6 公分　*12.* 2 個月

單元 68

綜合小練習

1. 林先生的卡車上有 16 袋雜貨，他提了 9 袋放在家裡，現在林先生的車上還有幾袋雜貨？
2. 陳家兄弟的口袋中共有 22 個硬幣，後來發現弟弟的口袋破了一個洞，遺失了 6 個硬幣，現在陳家兄弟還有幾個硬幣？
3. 小強有 12 個硬幣，給了他小妹 3 個硬幣後，現在小強還剩幾個硬幣？
4. 上星期，二個女孩當褓姆賺了 140 元，其中一個女孩花掉 50 元，現在她們還剩多少元？
5. 俊凱對發票中了 200 元，他花了 160 元買錄音帶，現在他還剩多少錢？
6. 汽車修理廠停了 11 部汽車，助手們開出 8 部車進行路試，現在修理廠內還有多少車子？
7. 家珍的手上有 14 個硬幣，她拿了 7 個硬幣去買乖乖和汽水。家珍現在還有多少硬幣？
8. 一些男孩幫人洗車賺了 700 元，他們二天洗了 7 部車，其中一個男孩拿了 200 元去買肥皂和衣服，現在男孩們還有多少錢？

答案：*1.* 7 袋　*2.* 16 個
3. 9 個　*4.* 90 元
5. 40 元　*6.* 3 部
7. 7 個　*8.* 500 元

單元 69

植物栽培實驗

碧蘭今年 13 歲，她對植物栽培非常有興趣，她很想知道同樣一種植物在兩處（氣候不一樣）的生長情形。碧蘭住在基隆市，那裡經常下雨，氣候很潮溼。碧蘭有一位好朋友，叫做小婷，住在美濃鎮，那裡很少下雨，氣候有些乾燥。

碧蘭和小婷同時栽培了相同的植物，並做了詳細的紀錄。結果，碧蘭播下的種子在第一個月長了 6 公分，第二個月長了 9 公分，第三個月長了 6 公分，第四個月長了 6 公分。小婷播下的種子在第一個月長了 10 公分，第二個月長了 9 公分，第三個月長了 4 公分，第四個月長了 5 公分。

1. 碧蘭播下的種子在二個月後共長了多少公分？
2. 小婷播下的種子在二個月後共長了多少公分？
3. 兩個月後，誰栽培的植物長得較高？高出多少公分？
4. 四個月後，誰栽培的植物長得較高？高出多少公分？
5. 碧蘭栽培的植物，在第幾個月長得最快？小婷栽培的植物，也是那個月長得最快嗎？
6. 拿出臺灣地圖，指指看碧蘭和小婷住在哪裡。

答案：*1.* 15 公分　　*2.* 19 公分

3. 小婷，高 4 公分　　*4.* 小婷，高 1 公分

5. 在第二個月長得最快；不是，第一個月最快

單元 70

認識香煙

小黑想要吸煙。他看了一本「香煙簡介」的手冊後，才知道香煙中除了含有尼古丁之外，還有若干的焦油。手冊上記載：長壽牌香煙含有 16 毫克的焦油，寶島牌香煙含有 8 毫克的焦油，總統牌香煙含有 9 毫克的焦油，玉山牌香煙含有 12 毫克的焦油，新樂園香煙含有 17 毫克的焦油，國光牌香煙含有 16 毫克的焦油。小黑在手冊的底頁，發現一則標誌語，上面有一句話：

注意：世界醫學組織確定 吸煙有害人體的健康

小黑把這一句話思考了很久。最後，他決定不吸煙了。

1. 這篇短文中，提到多少種香煙的品牌？
2. 哪一種牌子的香煙含的焦油量最多？
3. 玉山牌香煙的焦油含量，比寶島牌香煙的焦油含量，多了幾毫克？
4. 哪一種牌子的香煙含的焦油量最少？
5. 假使總統牌香煙的焦油含量要和新樂園的一樣多，那麼總統牌香煙的焦油量要再增加多少毫克？
6. 假使把國光牌香煙的焦油含量提出了 7 毫克，那麼國光牌香煙還有多少毫克的焦油量？

答案：*1.* 6種牌子　　*2.* 新樂園
3. 4毫克　　*4.* 寶島牌
5. 8毫克　　*6.* 9毫克

單元 71

寶藏箱

在水深六百五十呎之下，潛水夫發現了一艘古老的沉船，上面滿是無價之寶。船上的一些東西如下：

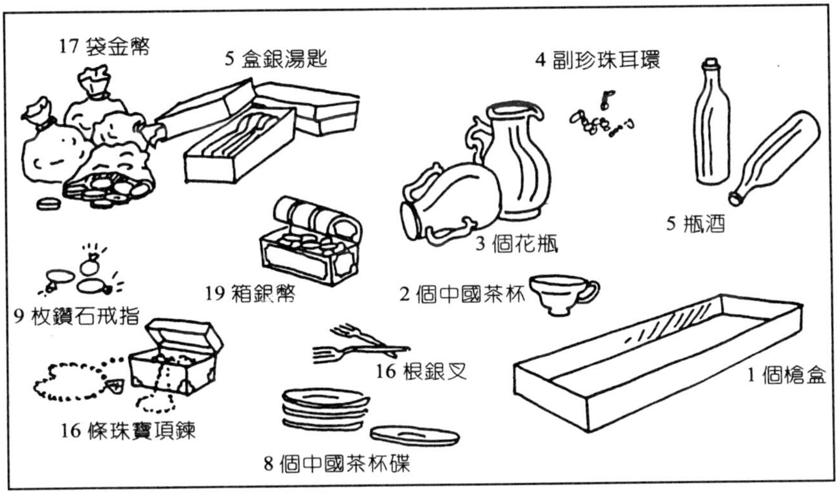

1. 哪一個盒子中沒有放東西？
2. 銀叉的數量比銀湯匙的盒數多了多少？
3. 茶杯比茶杯碟少了多少？
4. 銀幣的箱數比金幣的袋數多了多少？
5. 銀幣的箱數比鑽石戒指多了多少？
6. 酒的瓶數比中國茶杯碟少了多少？
7. 項鍊比珍珠耳環多了多少？
8. 如果你希望花瓶的數目和中國茶杯碟的數目一樣，那麼還必須加上多少個花瓶？

9. 戒指比花瓶多多少？

10. 銀湯匙的盒數比空槍盒的數目多了多少？

11. 中國茶杯比叉子少了多少？

12. 金幣的袋數比珍珠耳環多了多少？

13. 如果要槍盒數和鑽石戒指數一樣，那麼還要再找出多少數目的槍盒？

答案：
1. 槍盒　*2.* 11
3. 6 個　*4.* 2
5. 10　*6.* 3
7. 12　*8.* 5 個
9. 6　*10.* 4
11. 14　*12.* 13
13. 8

單元 72

釣魚記

星期日，寶玉、達文和小青跟他們的爸爸去釣魚，每個人都釣到許多魚，他們把各人釣到的魚做紀錄列成一張表，請利用表中的資料回答問題：

魚名＼魚數（條）＼釣魚者	寶玉	達文	小青
鯉魚	12	9	13
草魚	6	13	6
吳郭魚	19	15	20
鰱魚	10	16	5
鱒魚	7	5	11

1. 寶玉釣的鯉魚比草魚多幾條？
2. 寶玉和小青比，誰釣的吳郭魚較多？多了多少條？
3. 誰釣的鰱魚最少？比寶玉的少了幾條？
4. 小青釣的鱒魚比達文釣的鯉魚多嗎？多了幾條？
5. 寶玉釣到最多的魚是哪一種？最少的魚是哪一種？相差多少條？
6. 小青只留下 4 條吳郭魚，寶玉只留下 5 條吳郭魚，小青和寶玉哪一個人丟回河裡的吳郭魚比較多？多丟了幾條？
7. 寶玉的爸爸也釣到了一些魚，寶玉和爸爸一共釣到 14 條草魚，爸爸釣到幾條草魚？
8. 小青煎了 6 條他所釣的鯉魚當晚餐，他還剩下幾條鯉魚？

答案：*1.* 6 條

2. 小青多，多 1 條

3. 小青，少 5 條

4. 是，多 2 條

5. 最多：吳郭魚；最少：草魚；相差 13 條

6. 小青較多，2 條

7. 8 條

8. 7 條

單元 73

中興國中的學生

中興國中是一所位在山上的迷你國中，它的學生很少，下面是一些有關中興國中學生人數的問題，請你仔細的想一想再回答：

1. 中興國中三年級有98個學生，其中有47個女生，請問男生有多少人？
2. 國中三年級有一些學生參加了木工訓練班，但是有22位女生和15位男生沒有參加木工訓練班，請問有多少女生參加了木工訓練班？
3. 有一班上體育課時，有34位學生在一起，其中有21位學生不是女生。請問這一班有幾個男生？
4. 有一天，國中三年級有21位學生缺席，其中有14位學生是病假。請問國中三年級有幾位學生在那天出席？
5. 中興國中國一有87位學生，國二有95位學生，請問國二的學生比國一的學生多幾位？
6. 所有國二和國三的女生都去參加週會，一共有97位女生和3位老師參加。請問國二的女生有多少人？
7. 中興國中的國二男生有多少人？
8. 中興國中的國三女生比國二男生多嗎？多了多少人？

答案：*1.* 51人　*2.* 25人
3. 21人　*4.* 77人
5. 8人　*6.* 50人
7. 45人　*8.* 是，多了2人

單元 74

氣象報告

1. 今年的六月份有 13 天是晴天，六、七兩個月一共有 22 天晴天，請問七月份的晴天有幾天？
2. 上個月氣象預報正確的次數有 19 次，這個月也有許多次是正確的，兩個月一共有 36 次正確的預報。請問這個月有幾次是正確的預報？
3. 民國 81 年發生了幾次嚴重的風災，民國 82 年發生了 27 次風災，兩年中一共發生了 41 次風災。請問民國 81 年發生了幾次風災？
4. 有一個月，澎湖縣下了 33 公釐的雨量，而隔月也下了一些雨，兩個月一共下了 62 公釐的雨量。請問第二個月下的雨量是多少公釐？
5. 一月二十日寒流來襲，氣溫急劇下降，在三小時內氣溫下降了 14 度。其中第一個小時下降了 9 度，在剩下的兩個小時中，氣溫下降了幾度？
6. 星期日小真去游泳池游泳，早上十點時，她看到溫度計上的溫度是 18 度；下午兩點時，她看到溫度計上的溫度是 22 度，請問水溫升高了幾度？
7. 三月份台北市下了許多場大雨，四月份台北市下了 24 公釐的雨量，只知道兩個月的雨量共是 51 公釐，請問台北市在三月份有多少雨量？
8. 台北市七月份氣溫超過攝氏 34 度的有 19 天，八月份也有很多天的氣溫超過攝氏 34 度，七、八兩月共有 42 天的氣溫超過攝氏 34 度。請問在八月份台北市的氣溫有幾天超過攝氏 34 度？

答案：*1.* 9 天　　*2.* 17 次
3. 14 次　　*4.* 29 公釐
5. 5 度　　*6.* 4 度
7. 27 公釐　　*8.* 23 天

單元 75

颱　風

由於颱風的關係，中正機場的班機都停飛了，所以搭飛機的旅客只好留下來過夜。機場附近有二家可供住宿的飯店，一家是龍門飯店，飯店內共有 97 間房間，34 間已經住了客人；另一家是華南飯店，共有 79 間房間，其中 23 間已經住了客人。

西北航空 172 班機停飛，機上有 86 位乘客及 7 位空服人員；遠東航空 212 班機停飛，機上有 73 位乘客及 7 位空服人員；而中華航空 074 班機停飛，機上有 39 位乘客，4 位空服人員。

西北航空班機的 23 位乘客返回家去，其他人則住進飯店。遠東航空班機乘客需要單人房 51 間，中華航空班機有 5 位乘客需要房間。

1. 龍門飯店有幾間房間是空的？
2. 華南飯店有幾間房間是空的？
3. 西北航空班機上有幾位乘客需要住進飯店？
4. 遠東航空班機上有多少位乘客需要住進飯店？
5. 遠東航空班機上有多少位乘客不需要住飯店？
6. 中華航空班機上有多少位乘客不需要住飯店？
7. 假如西北航空班機上沒有回家的乘客都要住進龍門飯店，且一人住一間的話，龍門飯店還剩多少房間？
8. 假如遠東航空班機上所有需要住宿的乘客都要住進華南飯店，且一人住一間的話，請問華南飯店還剩多少間房間？
9. 中華航空班機上所有需要住宿的乘客能不能全部住進華南飯店？

答案：*1.* 63 間　*2.* 56 間

3. 63 位　*4.* 51 人

5. 22 位　*6.* 34 位

7. 0 間　*8.* 5 間

9. 能

單元 76

送報生

小張是位送報生，目前他有 74 份日報、93 份週刊要送，日報是每天送，週刊則是一週送一次。在所有的訂戶中，有些人家門上有信箱，沒有信箱的就將報紙放在門口，週刊中有 19 份是放在門口的，日報則有 56 份是放在信箱裡的。他每天送日報要花 2 小時，星期天送週刊要花 $2\frac{1}{2}$ 小時。

小張已送了二年的報，去年他送 67 份日報、87 份週刊，今年他比去年每天多花 10 分鐘送報，他希望明年會有更多訂戶，而能達到送 80 份日報、100 份週刊的成績。

1. 小張送的日報比週刊少幾份？
2. 週刊訂戶中有幾份是放在信箱的？
3. 日報訂戶中有幾份是放在門口的？
4. 今年多了幾個日報的訂戶？多了幾個週刊的訂戶？
5. 假如明年能達到他希望的訂戶數目，那將會多送幾份日報？多送幾份週刊？
6. 週刊的訂戶中有 67 個同時訂了日報，那麼沒有同時訂日報的週刊訂戶有多少呢？
7. 有一個星期天，小張發現他送了 58 份的週刊後就沒得送了，那麼他還需要去取幾份來補送呢？
8. 小張取到要補送的週刊時，時間已經太晚了，所以小張請他妹妹幫忙送，而他自己只送了 18 份。請問小張的妹妹送了幾份呢？

答案：*1.* 19 份　　*2.* 74 份
3. 18 份　　*4.* 7 個，6 個
5. 6 份，7 份　　*6.* 26 個
7. 35 份　　*8.* 17 份

單元 77

動物的壽命

下表是一些動物的平均壽命：

動　物	平均壽命
海　狸	13 歲
駱　駝	20 歲
狗	16 歲
大　象	47 歲
馬	27 歲
兔　子	5 歲
鯨　魚	37 歲

1. 馬和駱駝的平均壽命相差幾年？
2. 上面的表中，兩種體型最大的動物平均壽命相差幾年？
3. 上面表中壽命最長與壽命最短之動物，平均壽命相差多少年？
4. 馬的平均壽命比會用牙齒啃樹的那種動物長多少年？
5. 駱駝的壽命比生活在海洋中的那種動物壽命短了多少年？
6. 一隻貓的平均壽命比一隻大象的平均壽命少了 32 年，請問貓的平均壽命是幾歲？
7. 如果一隻鯨魚活了 39 年，那麼牠比鯨魚的平均壽命還長了幾年？
8. 狗的壽命和除了大象外壽命最長的那種動物的壽命相差幾年？

答案：*1.* 7 年　*2.* 10 年　*3.* 42 年
4. 14 年　*5.* 17 年　*6.* 15 歲
7. 2 年　*8.* 21 年

單元 78

動物的速度

下面的表是一些動物跑最快的速度紀錄：

動　物	最快速度（時速）
印度豹	112 公里
灰　狼	67 公里
斑　馬	64 公里
兔　子	56 公里
長頸鹿	51 公里
大　象	40 公里
雞	14 公里

1. 灰狼的最快時速比大象快多少？
2. 雞的最快時速比兔子慢多少？
3. 大象和長頸鹿哪一種跑得比較快？快多少？
4. 上面的表中，跑得最快的動物時速比兔子快多少？
5. 有一隻斑馬的時速是 35 公里，如果牠想要跑得跟斑馬的最快時速紀錄一樣，那麼牠還差多少？
6. 印度豹的速度比跑第二慢的動物快多少？
7. 上面的表中，哪兩種動物的速度相差最少？
8. 在上面的表中，兔子的速度比唯一的鳥類動物快多少？

答案：*1.* 27 公里　*2.* 42 公里　*3.* 長頸鹿，快 11 公里
4. 56 公里　*5.* 29 公里　*6.* 72 公里
7. 灰狼和斑馬　*8.* 42 公里

單元 79

最佳影片

1. 金馬獎最佳影片今年有 14 部獲得提名，其中有 2 部獲得「最佳影片獎」，請問還有多少影片沒有贏得此榮譽？
2. 所有影片中有 18 位演員得獎，其中 10 位是女性，有 3 位演員未出席頒獎典禮，請問有多少位得獎演員是男性？
3. 莎麗去年主演 15 部電影，其中 12 部是國片，有 3 部片子得獎，請問莎麗主演的片子中有多少不是國片呢？
4. 「中影公司」贏得 17 項大獎，其中 7 項獎是音樂獎，請問「中影公司」的獎項中，有多少與音樂無關？
5. 頒獎典禮中有 16 位嘉賓受邀致詞，其中 2 位致詞長 10 分鐘，有 4 位致詞提到電影的發展史。請問致詞中未提到電影發展史的有幾位？
6. 在所有得獎者中，有 19 位童星、13 位女士和 15 位男士得獎，請問童星得獎人數比得獎男士多多少？
7. 頒獎典禮長達 95 分鐘，大明只看了 40 分鐘，大華看了 78 分鐘，請問大明比大華少看了幾分鐘？
8. 在前半小時的表演中，搖滾樂隊演奏了 19 首歌，在後半小時則演奏了 7 首歌，請問前半小時比後半小時多演奏多少首歌？
9. 大華主演的片子贏得 24 個第一名、13 個第二名，而小明主演的片子贏得 11 個第二名和 13 個第一名，請問大華主演的片子贏得的第一名比第二名多幾個？
10. 在表演進行中有人鬧事，警察帶了 28 人到警察局偵訊，其中有 13 位是女性，16 位被扣留，請問有多少位沒被扣留？
11. 角逐「最佳影片獎」的 14 部影片中，林太太看過了 12 部，而其中 2

部她不喜歡，請問林太太看過的影片中，她喜歡的有多少部？

12. 阿美在閉幕之前見到了 38 位明星，閉幕之後她又見到另外 12 位明星，這些明星中有 25 位是阿美喜歡的。請問阿美在閉幕前遇到的明星比閉幕後遇到的明星多幾位？

答案：

1. 12 部	2. 8 位	3. 3 部
4. 10 項	5. 12 位	6. 4 人
7. 38 分鐘	8. 12 首	9. 11 個
10. 12 位	11. 10 部	12. 26 位

單元 80

機車越野賽

1. 高雄市每年定期舉辦機車越野賽，去年有 58 位參賽，今年有 72 位參賽，請問去年參賽的騎士比今年少多少人？
2. 今天 72 位參賽騎士中，有 47 人賽完全程，有 19 人得獎，請問有多少人未賽完全程？
3. 小明買了 43 張越野賽的入場券，其中 15 張自己保留，其餘的入場券賣給朋友，請問小明賣給朋友幾張入場券？
4. 大華是一位資深的騎士，他認識 21 位機車的機械工人，小明也是資深的騎士，他認識 18 位機械工人，請問大華認識的機車機械工人比小明多多少人？
5. 在比賽當中，騎士們必須騎過 40 個障礙物，小英只騎過 23 個障礙物，小雄則騎過 34 個障礙物，請問有多少個障礙物小英未通過？
6. 比賽中有 30 個獎項，其中 12 個獎是特別獎，15 個獎是給女騎士，請問有多少個獎是給男騎士？
7. 在比賽前兩小時，機車陸續進入，原先有 15 輛機車進入賽場，最後增加到 72 輛機車，請問共有多少輛機車參加比賽？
8. 整個賽程有 21 個障礙物，其中 18 個障礙物騎士們必須越過，請問有多少障礙物騎士可以不通過？
9. 第一名得主每小時騎 45 公里，第二名得主每小時騎 41 公里，第三名得主每小時騎 39 公里，請問第二名得主比第三名得主的速度快多少？
10. 今年的比賽中有 70 位青少年觀眾，其中有 13 位從未看過越野賽，有 21 位從未騎過機車，請問這些青少年中有多少人騎過機車？
11. 近五年來，女騎士愈來愈多，今年比去年多了 16 位女騎士，而今年有 21 位女騎士參賽，請問去年有多少位女騎士參賽？

12. 今年有 15 位騎士在 20 歲以下，去年有 23 位騎士在 20 歲以下，請問今年 20 歲以下的騎士比去年少幾人？

答案：*1.* 14 人	*2.* 25 人	*3.* 28 張
4. 3 人	*5.* 17 個	*6.* 15 個
7. 72 輛	*8.* 3 個	*9.* 2 公里／小時
10. 49 人	*11.* 5 位	*12.* 8 人

單元 81

不斷的練習

你如果想要當一名成功的運動員需要不斷的練習，所有的奧林匹克運動員都是很努力練出來的。小傑是一名高中足球隊隊員，今年 17 歲，他已經踢了 5 年球。每年的足球季開始前，他要連續練習 18 週；足球季開始後，他仍繼續練習 3 週。他的練習是每天做 45 個俯地挺身，拉 23 次單槓，仰臥起坐則比俯地挺身少做 10 個，另外還要跑步——足球季前每天跑 45 分鐘，足球季時則每天少跑 20 分鐘。

小傑是有名的足球健將，上次足球季，他傳球 56 次，其中 34 次成功；他參加 18 場比賽，他的球隊只輸 4 場；此外，他巧妙的運球 49 次，使他的球隊得了 38 分。儘管他很了不起，但他知道他必須繼續努力練習。

1. 小傑在足球季開始前練習的週數，比足球季開始後練習的週數多出幾週？
2. 在足球季時，小傑每天跑步多少分鐘？
3. 小傑每天做多少次仰臥起坐？
4. 小傑每天拉多少次單槓？
5. 上個足球季，小傑共有多少次沒有傳球成功？
6. 小傑參加的足球季比賽中，贏了幾場？
7. 上個足球季，在小傑運球的次數中有多少次沒有為他的球隊得分數？
8. 上個足球季，小傑的球隊共參加了 19 場比賽。請問小傑有多少場比賽沒有參加？
9. 小傑是從多少歲就開始踢球？

10. 足球季時，小傑每天花 98 分鐘練習，比非足球季時多練習了 27 分鐘。請問非足球季時，他每天練習多少分鐘？

答案：*1.* 15 週　　*2.* 25 分鐘

3. 35 次　　*4.* 23 次

5. 22 次　　*6.* 14 場

7. 11 次　　*8.* 1 場

9. 12 歲　　*10.* 71 分鐘

單元 82

釣魚的用具

星期天君偉將要和爸爸、媽媽出去釣魚，因此他們先檢查全部的釣魚用具。君偉的魚竿上有 35 公尺的釣魚線，他爸爸的魚竿上有 29 公尺的釣魚線，他媽媽的二枝魚竿中一枝有 73 公尺的釣魚線，另一枝則有 64 公尺的釣魚線。君偉認為釣魚線不夠用，他們還需要再買一些，於是君偉和爸爸上街去買。他們花 66 元買一捲 33 公尺長的釣魚線，花 94 元買另一捲 70 公尺長的釣魚線，花 72 元買一包小蟲當作魚餌，再花 36 元買一包另一種的魚餌。

1. 本文中提到多少人要去釣魚？
2. 君偉魚竿上的釣魚線，比爸爸的長多少公尺？
3. 君偉媽媽的釣魚竿有二枝，其中釣魚線較長的一枝比較短的一枝長多少？
4. 他們再買的兩捲釣魚線，其中一捲比另一捲貴了多少錢？
5. 他們魚竿上的釣魚線，最短的和最長的相差多少公尺？
6. 他們買的二包小蟲，其中一包比另一包貴了多少錢？
7. 較便宜的那捲釣魚線的價錢與較便宜的那包小蟲價錢，相差多少元？
8. 他們再買的兩捲釣魚線，其中一捲比另一捲長了多少公尺？

答案：*1.* 3 人　*2.* 6 公尺　*3.* 9 公尺
4. 28 元　*5.* 44 公尺　*6.* 36 元
7. 30 元　*8.* 37 公尺

單元 83

華氏和攝氏

溫度的測量方式有些國家是採用華氏（F），有些則採用攝氏（C），我們國家就是以攝氏來測量的，下面就是在不同地方和月份以這兩種方式測量出的溫度，請仔細的看，並回答下列的問題。

地　區	月　份	華　氏	攝　氏
台　中	一　月	90°F	32℃
高　雄	四　月	80°F	27℃
陽明山	六　月	68°F	20℃
台　北	十　月	78°F	26℃
玉　山	一　月	32°F	0℃
阿里山	四　月	53°F	12℃
屏　東	六　月	89°F	31℃
合歡山	十　月	66°F	18℃

1. 上面的溫度中，華氏最高溫是在哪一個地方？
2. 上面的溫度中，攝氏最低溫是在哪一個地方？
3. 阿里山測出的溫度，華氏比攝氏冷多少？
4. 玉山的攝氏溫度比台中的攝氏溫度低多少？
5. 台北十月的華氏溫度比陽明山六月的華氏溫度高多少度？
6. 陽明山六月的華氏溫度比阿里山四月的華氏溫度高多少？
7. 以華氏溫度來說，合歡山比屏東低了幾度？
8. 在同樣的四月裡，以攝氏測量，高雄比阿里山高了幾度？
9. 採用攝氏測量時，陽明山比屏東低了幾度？
10. 採用攝氏測量時，四月的阿里山比一月的台中溫度冷了幾度？

11. 一月份的玉山比十月份的台北，如果採華氏溫度應該是冷了幾度？

答案：*1.* 台中	*2.* 玉山	*3.* 一樣
4. 32℃	*5.* 10°F	*6.* 15°F
7. 23°F	*8.* 15℃	*9.* 11℃
10. 20℃	*11.* 46°F	

單元 84

魚的世界紀錄

最長和最重的世界紀錄

魚的名稱	長度	重量
藍鰓魚	38 公分	2.3 公斤
白鱸魚	33 公分	2.3 公斤
大湖鱒魚	130 公分	29.5 公斤
小嘴巴斯魚	68 公分	5 公斤
淡水鮭魚	91 公分	9.5 公斤
彩虹鱒魚	106 公分	17.5 公斤

1. 藍鰓魚比白鱸魚長多少公分？
2. 彩虹鱒魚和大湖鱒魚的長度相差多少公分？
3. 以世界紀錄而言，小嘴巴斯魚和淡水鮭魚哪一種比較長？
4. 以世界紀錄而言，白鱸魚是不是比大湖鱒魚短了 60 公分？
5. 大湖鱒魚比彩虹鱒魚重了多少公斤？
6. 大湖鱒魚和彩虹鱒魚相比時，牠們的長度差距較大，還是重量差距較大？
7. 如果你抓到一條 38 公分的白鱸魚，那麼這條魚有沒有打破白鱸魚原有的世界紀錄？
8. 以世界紀錄而言，藍鰓魚和白鱸魚哪一種較重？重了多少公斤？

答案：*1.* 5 公分　*2.* 24 公分
3. 淡水鮭魚　*4.* 不是
5. 12 公斤　*6.* 長度
7. 有　8. 一樣重

單元 85

洗車場

1. 志仁在洗車場工作。三月份有 843 輛車送進來洗，其中只有 102 輛車不要打蠟。請問三月份打蠟的車子有多少輛？
2. 四月份有 10 天洗車場關店整修，因此只洗了 621 輛車。請問四月份洗的車子較三月份少了多少輛？
3. 洗一輛車要花費 120 元，洗車外加打蠟則要花費 450 元。請問只有打蠟要花費多少錢？
4. 五月份有 835 輛車要洗，其中有 122 輛是新車。大部分的新車都要打蠟。請問五月份有多少輛送洗的不是新車？
5. 端午節前一天，有 53 輛車送進來洗，這是志仁到洗車場以來車子最多的一天。端午節那天則只有 33 輛車送進來洗。請問端午節當天要洗的車比前一天的少了多少輛？
6. 去年洗一輛車的價格只要 85 元，請問今年洗車的價格增加了多少元？（參考第 3 題）
7. 六月時，洗車場的老闆將一間空房子改成停車位，他設計了 850 個車位出租。月底時，這些停車位還剩 120 個。請問六月時一共租出去了多少個停車位？
8. 志仁所工作的這家洗車場，平均一個月有 840 輛車子送進來洗，最多的月份可達到 975 輛。請問洗最多車的那一個月比平均一個月的車量多多少輛？

答案：*1.* 741 輛　　*2.* 222 輛

3. 330 元　　*4.* 713 輛

5. 20 輛　　*6.* 35 元

7. 730 個　　*8.* 135 輛

單元 86

攝　影

1. 在一家打折的攝影器材店裡，小義看中了一台原價 4,100 元，售價 2,950 元的照相機。請問那台照相機的售價比原價便宜了多少元？
2. 小義原來只有 2,400 元，請問他要再存多少錢才能買到那台照相機？
3. 在小義還沒有存夠錢買新相機前，他仍然使用舊相機。有一天全家去郊遊，他買了 4 捲 24 張裝的底片，為媽媽拍了 15 張相，為爸爸拍了 9 張，為妹妹拍了 16 張，並為其他親戚拍了 23 張。請問小義共拍了幾張相片？他還有底片可以拍嗎？還能拍多少張呢？
4. 小義的相簿裡保存著一些相片。現在他相簿裡有 213 張相片，而去年的這個時候他只有 97 張相片。請問過去的一年裡，小義裝進了多少張相片？
5. 小義終於存夠了錢。他帶著新相機到臺北玩，並且拍了 154 張相片，其中有 16 張沒有洗出來。請問小義共洗出來多少張相片？
6. 小義的爸爸也在臺北拍了 108 張照片，請問小義和他的爸爸誰拍得多？多了幾張？
7. 小義的爸爸以為自己已經拍了 180 張照片，請問實際拍的相片比他以為的少了多少張？
8. 小義的爸爸共花了 785 元洗相片，請問這個價錢比小義新相機的價錢少了多少元？

答案：*1.* 1,150 元　　*2.* 550 元

3. 63 張，有，33 張　　*4.* 116 張

5. 138 張　　*6.* 小義，46 張

7. 72 張　　8. 2,165 元

單元 87

遊樂園

假日的時候人們最喜歡到遊樂園去玩。有一家新開幕的遊樂園，開幕第一天就來了 847 位遊客，其中只有 234 位遊客不是坐遊覽車來的。遊樂園中的摩天輪很受歡迎，所有的小孩可以坐一次免費的摩天輪；當天共有 632 位遊客坐了摩天輪，其中 412 位是免費的。入場券成人一張 175 元，小孩一張 125 元，每玩一種遊樂設施一次要 35 元。

魔鏡屋是最多人去的地方，裡面共有 112 種不同的鏡子，附近另一家遊樂園的鏡子則只有 101 種。

開幕第二天，遊客更多，總計有 968 人。這些遊客中，有 124 位幼稚園的小朋友，他們大多玩得很快樂，但是其中有 3 位小朋友覺得不快樂。

開幕的前三天，共有 2,500 位遊客到這裡遊玩，生意還不錯呢！

1. 開幕第二天的遊客比第一天多了多少人？
2. 開幕第一天來的遊客有多少人是坐遊覽車來的？
3. 有多少位坐摩天輪的遊客因為不是小孩，所以是付錢坐的？
4. 成人的入場券比小孩的多多少元？
5. 大人和小孩乘坐遊樂設施的優待方式是不是不同？
6. 幼稚園的小朋友中，共有幾位玩得很快樂？
7. 魔鏡屋中的鏡子比附近另一家遊樂園的鏡子多了幾種？
8. 開幕第二天的遊客中，有多少人不是幼稚園的小朋友？

答案：*1.* 121 人　　*2.* 613 人

3. 220 人　　*4.* 50 元

5. 是　　*6.* 121 位

7. 11 種　　8. 844 人

單元88

摩天大樓

目前在台北最高的大樓是新光三越大樓，它有51層樓，高度是244.2公尺。同學們如果到它上面的展望台觀看台北市的風景時，可以發現台北還有幾棟比較高的建築物，像遠東企業大樓樓高193.8公尺，有43層樓，另外，國貿大樓樓高171.2公尺，有38層樓。還有東帝士大樓，樓高140.5公尺，有35層樓。

1. 台北最高的大樓比國貿大樓高多少公尺？
2. 遠東企業大樓和東帝士大樓高度相差多少公尺？
3. 在上面提到的大樓中，最高的大樓比最低的大樓高多少公尺？
4. 東帝士大樓和遠東企業大樓，哪一棟的樓層較多？多多少？
5. 上面的大樓中哪一棟的樓層最多？是幾層樓？
6. 國貿大樓有沒有高出東帝士大樓20公尺以上？
7. 假如要蓋一棟比新光大樓高18公尺的大樓，應該蓋幾公尺高？

答案：*1.* 73公尺　*2.* 53.3公尺
3. 103.7公尺　*4.* 遠東企業大樓，多8層
5. 新光三越大樓，有51層　*6.* 有
7. 262.2公尺

單元 89

汽車出租

每年總有很多人在租汽車，有些人租汽車是為了作生意，有些人租汽車是為了出去玩，而每一家汽車出租公司的收費標準並不一樣。

請看下表，並回答有關汽車出租的問題。

汽車出租公司／費用	飛龍	多利	祥瑞	捷利	和光
一天租金	1,900 元	1,700 元	1,400 元	1,500 元	1,500 元
押　　金	1,200 元	1,100 元	免	1,000 元	免
一週租金	7,500 元	6,500 元	5,800 元	6,200 元	5,500 元

1. 押金除外，哪一家公司的汽車出租費最貴？
2. 祥瑞公司的汽車一天的租金是多少元？
3. 包括押金，多利公司的汽車一天的出租費是多少元？
4. 包括押金，飛龍公司的汽車一天的出租費是多少元？
5. 飛龍公司收的押金比多利公司收的押金高出多少元？
6. 哪一家公司的一週租金最貴？
7. 哪一家公司的汽車一週租金最便宜？
8. 多利公司的汽車一週租金比祥瑞公司的汽車一週租金高出多少元？
9. 捷利公司的汽車一週租金比和光公司的汽車一週租金高出多少元？
10. 祥瑞公司的汽車一日租金比多利公司的汽車一日租金便宜多少元？

答案：*1.* 飛龍　　*2.* 1,400 元
3. 2,800 元　　*4.* 3,100 元
5. 100 元　　*6.* 飛龍
7. 和光　　*8.* 700 元
9. 700 元　　*10.* 300 元

單元 90

週冠軍

老師每天為同學們打分數，依照事先訂好的規則，有好的表現就加分，有不好的表現就扣分，每一週得分最高的就是週冠軍，可以獲得獎品。下面就是第一週到第十週的週冠軍名單：

週　別	週冠軍	得　分
一	王仲宜	114
二	李金德	124
三	林華偉	131
四	王佳仁	139
五	王佳仁	147
六	王佳仁	151
七	張美英	157
八	王仲宜	156
九	洪貴枝	163
十	陳秀惠	124

1. 第二週的週冠軍李金德比第一週的週冠軍王仲宜多幾分？
2. 他們班上一共有 33 人，第九週的週冠軍洪貴枝比第一週的週冠軍王仲宜多了幾分？
3. 王佳仁第一次得週冠軍的分數，比她得分最多的那一次少了幾分？
4. 在這十週中，週冠軍得分最多的與得分最少的相差了幾分？
5. 第十週因為放假一天，少了一天的分數，所以分數比較低，但是週冠軍陳秀惠仍然比王仲宜第一次得週冠軍時多了幾分？
6. 假如第十週沒有放假，陳秀惠可能得到 164 分，這分數和她實際的分數差多少分？

7. 前五週週冠軍中分數最高的那一週與後五週週冠軍中最高分的那一週相差了幾分？

8. 第五週比第四週增加的分數與第六週比第五週增加的分數相比，哪一次增加的比較多？

答案： *1.* 10 分　*2.* 49 分

3. 12 分　*4.* 49 分

5. 10 分　*6.* 40 分

7. 16 分　8. 第五週比第四週增加的分數

單元 91

賺　錢

1. 小偉和美伶兄妹去年夏天在街上賣冷飲，有一天他們賣了 127 杯檸檬汁和 113 杯冰茶，請問他們賣出的檸檬汁比冰茶多幾杯？
2. 有一天，他們計算了一下賣冷飲的成果，算出的結果是上午賣出 101 杯，下午賣了 154 杯，請問下午比上午多賣出了幾杯？
3. 星期三小偉和美伶用去了 223 個紙杯，星期五用去了 249 個紙杯，請問星期五多用了幾個紙杯？
4. 小偉和美伶平均一天賣出 250 杯冷飲，一杯賣 15 元，所以平均一天可以收入 3,750 元。這些錢扣除買杯子和材料的錢 1,500 元後，他們平均一天可以賺多少錢？
5. 有一天下午美伶生病了，所以午飯後只有小偉一個人去賣，當天他們共賺了 1,900 元，所以小偉可以分得一半 950 元，美伶分另一半 950 元，但是因為下午只有小偉一人去賣，所以美伶給小偉 500 元，請問美伶還剩多少錢？
6. 在另一條街上，也有些朋友在賣飲料，他們平均一天賣 230 杯，請問小偉和美伶平均一天比他們多賣出幾杯？（參考第 4 題）
7. 他們的生意在下雨天就比較差，他們做生意的 65 天當中，有 42 天沒下雨，請問有幾天是下雨天？
8. 去年夏天他們賣飲料共賺了 110,235 元，今年則比去年少賺了 10,110 元，請問他們今年共賺了多少錢？

答案：*1.* 14 杯　　*2.* 53 杯

3. 26 個　　*4.* 2,250 元

5. 450 元　　*6.* 20 杯

7. 23 天　　*8.* 100,125 元

單元 92

國際機場

1. 有一班飛往美國的華航（CI）292 班機過境停在中正機場，飛機上有 214 位乘客，其中 125 位下飛機，其他則是繼續要飛往美國的過境旅客。請問過境旅客有多少人呢？
2. 假如華航（CI）292 班機現在正要起飛，飛往美國舊金山，這時機上共有 224 位乘客，那麼在中正機場又有幾位乘客上了飛機？
3. 華航（CI）292 班機上的空中小姐數了一下機上的旅客，發現 130 位乘客不是男性，那麼男乘客有多少人呢？
4. 在飛往美國途中，空中小姐端了 194 杯咖啡給乘客，一人一杯，那麼沒有喝咖啡的旅客有多少人呢？
5. 飛機上原已準備了 250 份午餐，如果每位乘客都只吃一份，那麼還會剩下幾份午餐呢？
6. 一般從台北飛往美國的機票為 32,000 元，而飛往英國要 43,000 元，所以飛往哪一個國家要比較多錢呢？ 多多少元？
7. 華航（CI）292 班機最多可載 250 位旅客，那麼飛機上有多少空位？
8. 在中正機場，六月二日共有 294 架飛機降落，六月三日共有 302 架飛機降落，六月四日有 286 架班機降落，班機降落最多的那一天比六月二日降落的班機多了幾架？

答案：*1.* 89 人　　*2.* 135 位

3. 94 人　　*4.* 30 人

5. 26 份　　*6.* 英國，11,000 元

7. 26 位　　*8.* 8 架

單元 93

非洲大象

木柵動物園中最大的動物就是非洲象，小象出生時大約是 303 公斤，長大後公象平均會重達 5,998 公斤，母象則是 3,002 公斤，而公象的高度平均是 331 公分，母象是 302 公分。

平均一隻非洲象一天會吃掉 99 公斤的食物。其中 91 公斤是牧草，其他不是牧草的有：水果 1,980 公克、甘蔗 1,212 公克、玉米 950 公克、麵 724 公克、奶粉 396 公克、水 2,738 公克。

1. 非洲公象平均重量有多少？
2. 小公象長成大公象後，會比出生時重多少公斤？
3. 母象的平均重量比公象的平均重量少了多少公斤？
4. 公象的平均高度比母象高多少？
5. 非洲象的食物中，不是牧草的有多少公斤？
6. 非洲象吃的食物中，水果比甘蔗多多少？
7. 非洲象吃的食物中，甘蔗和玉米哪一種多？多多少？
8. 非洲象的食物中，麵比玉米少多少？
9. 非洲象的食物中，奶粉和水共有多少？
10. 我們來想想看，假如要將非洲大象由非洲運到台灣，應該怎麼搬運？

答案：*1.* 5,998 公斤　*2.* 5,695 公斤　*3.* 2,996 公斤

4. 29 公分　*5.* 8 公斤　*6.* 768 公克

7. 甘蔗，多 262 公克　*8.* 226 公克

9. 3,134 公克　*10.* 船

單元94

跳舞大賽

台北有一家俱樂部，每年都會舉辦跳舞比賽，參加比賽的人必須隨著音樂跳個不停，看誰體力好，跳得最久的人就是冠軍。在民國七十八年有一位叫羅捷的工人贏得冠軍，他共跳了 22 小時又 26 分；民國七十九年的冠軍是一位學生，名叫李克明，他跳了 28 小時又 26 分；民國八十二年，一位叫羅斯的演員跳了 24 小時又 18 分得到冠軍；民國八十三年則被一位叫張傑的運動員贏得冠軍，他跳了 43 小時，打破了以前最長的紀錄 42 小時 33 分。

1. 上面幾位冠軍中，哪一位跳得最久？
2. 上面幾位冠軍中，哪一位跳的時間最短？
3. 跳得最久和跳得最短的時間相差了多久？
4. 羅斯比羅捷多跳了多久？
5. 運動員張傑跳的時間比原來最長的紀錄多了幾分鐘？
6. 李克明和羅斯哪一位跳得比較久，差多少時間？
7. 民國七十九年和民國七十八年，哪一年的冠軍跳的時間較長？差多少時間？

答案：*1.* 張傑　　*2.* 羅捷

3. 20 小時 34 分　　*4.* 1 小時 52 分

5. 27 分鐘　　*6.* 李克明，4 小時 8 分

7. 七十九年，6 小時

單元 95

材料店

王先生開了一家材料行，店裡展示了各式各樣的材料，它們的價錢各有不同，王先生把價目表掛在牆上，其中有一張價目表列出了各種繩子的價格，我們大家一起來看看。

	尼龍繩	棉　繩	細麻繩	粗麻繩
8 公尺	23.2 元	24.4 元	26.8 元	50.3 元
10 公尺	25.1 元	29.5 元	30.4 元	56.6 元
12 公尺	28.4 元	36.6 元	37.7 元	67.7 元
14 公尺	29.6 元	37.8 元	39.9 元	72.9 元
16 公尺	32.3 元	38.9 元	47.7 元	74.9 元
18 公尺	33.6 元	40.2 元	49.8 元	78.2 元
20 公尺	35.7 元	43.9 元	55.5 元	82.2 元

請參考上面的表格回答下列的問題：

1. 16 公尺長的尼龍繩比 12 公尺長的尼龍繩長多少？
2. 18 公尺長的尼龍繩比 12 公尺長的細麻繩長多少？
3. 14 公尺長的細麻繩比 14 公尺長的粗麻繩價錢便宜多少元？
4. 12 公尺長的尼龍繩比 10 公尺長的尼龍繩價錢貴多少元？
5. 8 公尺長的細麻繩比 14 公尺長的細麻繩價錢便宜多少元？
6. 有一條 8 公尺的棉繩，需要再加多長才能成為 18 公尺？
7. 16 公尺的棉繩比 18 公尺的棉繩便宜多少元？
8. 哪一種繩子最便宜？
9. 哪一種繩子最貴？
10. 12 公尺的粗麻繩比 14 公尺的粗麻繩便宜多少錢？

11. 12 公尺的棉繩比 16 公尺的棉繩便宜多少錢？

12. 18 公尺的細麻繩比 20 公尺的粗麻繩便宜多少元？

13. 16 公尺長的細麻繩價錢是多少元？

14. 20 公尺長的粗麻繩價錢是多少元？

15. 16 公尺的細麻繩和 20 公尺的粗麻繩在價錢上有什麼不同？

答案：

1. 4 公尺　　*2.* 6 公尺

3. 33 元　　*4.* 3.3 元

5. 13.1 元　　*6.* 10 公尺

7. 1.3 元　　*8.* 8 公尺長的尼龍繩

9. 20 公尺長的粗麻繩　　*10.* 5.2 元

11. 2.3 元　　*12.* 32.4 元

13. 47.7 元　　*14.* 82.2 元

15. 20 公尺的粗麻繩較貴，貴 34.5 元

單元 96

賽車紀錄

請利用下表中的資料回答問題：

時　間	駕駛人	車　型	時速（公里／小時）
民國 50 年 4 月 22 日	張山峰	喜　美	207 公里／小時
民國 57 年 9 月 3 日	李天來	福　特	301 公里／小時
民國 77 年 8 月 5 日	謝大仁	別　克	407 公里／小時
民國 78 年 10 月 27 日	楊振山	飛雅特	536 公里／小時
民國 79 年 11 月 5 日	謝大仁	別　克	600 公里／小時
民國 81 年 3 月 3 日	柯　雄	裕　隆	622 公里／小時
民國 81 年 10 月 23 日	柯　雄	裕　隆	627 公里／小時

1. 如果李天來駕駛福特車的時速是 100 公里，這樣的速度會比張山峰的紀錄快嗎？
2. 民國 77 年時，謝大仁有沒有破李天來的紀錄呢？超過多少？
3. 柯雄何時破了他自己的紀錄？他快了多少？
4. 謝大仁在民國 79 年的紀錄比 77 年的紀錄快了多少？
5. 自張山峰創紀錄以來，到柯雄第一次創紀錄，這中間經過了幾年？
6. 裕隆最快的紀錄比飛雅特的紀錄快多少？
7. 謝大仁在哪一次參賽時創的紀錄較高？比楊振山的紀錄快了多少？
8. 如果柯雄想要創下一個時速 650 公里的速度，他必須比最後所創的紀錄快多少？

答案：*1.* 不會

2. 有，106 公里／小時

3. 民國 81 年 10 月 23 日，5 公里／小時

4. 193 公里／小時

5. 31 年

6. 91 公里／小時

7. 79 年 11 月 5 日，64 公里／小時

8. 23 公里／小時

單元 97

園遊會

1. 美仁里每年辦一次園遊會，今天有 5 個攤位在展覽會中賣蛋糕，去年只有 3 個攤位賣蛋糕，今年賣蛋糕的攤位比去年多幾個？
2. 晨宇在會場中買了 14 本書，櫻美買了 18 個玩具，櫻美比晨宇多買了幾樣東西？
3. 白先生賣了 13 輛玩具汽車後還剩下 14 輛，白先生原來準備了幾輛玩具車來賣？
4. 楊老師班上的學生想去參加園遊會，班上的女生比男生多 8 人。如果楊老師班上有 19 個女生，男生有多少人呢？
5. 美真買了 5 朵玫瑰花和 23 朵菊花，美華買了 16 朵玫瑰花和 2 朵菊花，請問他們一共買了幾朵菊花？
6. 晨宇買了 5 朵紅玫瑰花、12 朵黃玫瑰花；建漢買了 17 朵黃玫瑰花。請問他們一共有幾朵玫瑰花？
7. 美雲煮了 153 個茶葉蛋來賣，上午賣了 88 個，下午賣了 65 個。上午比下午多賣了幾個？
8. 建漢賣了 50 張彩券，昇典賣了 125 張彩券，每張彩券賣 35 元，二人共賣了多少張彩券？
9. 一共有 468 個人參加園遊會，其中有 125 個兒童，247 個婦女。請問參加園遊會的人有多少不是兒童？
10. 小美在園遊會中買了 25 個洋娃娃，現在他一共有 78 個洋娃娃。請問小美原來有幾個洋娃娃？
11. 昭宏買了 20 罐果汁請同學，昇典買了 42 罐運動飲料請同學，振山買了 8 罐果汁請同學。請問這 3 位同學一共買了幾罐果汁？

12. 瑞敏買的小蛋糕比美雲買的多了 37 個，而美雲買了 20 個小蛋糕。請問瑞敏買了多少個小蛋糕？

答案：*1.* 2 個　*2.* 4 樣　*3.* 27 輛
4. 11 人　*5.* 25 朵菊花　*6.* 34 朵
7. 23 個　*8.* 175 張　*9.* 343 人
10. 53 個　*11.* 70 罐　*12.* 57 個

單元 98

比高低長短

1. 有一棵小樹3公尺高，有一棵大樹比小樹高3公尺。請問大樹有多高？
2. 長竹竿的長度是4公尺，短竹竿的長度比長竹竿少3公尺。請問短竹竿有多長？
3. 有一個門的高度是6尺，房子的高度比門高19尺，請問房子有多高？
4. 公共汽車有8尺高，白先生車子的高度比公共汽車少4尺。請問白先生的車子有多高？
5. 美琳的鉛筆長度是6公分，她的尺比鉛筆長6公分。請問她的尺有多長？
6. 一枝鉛筆的長度是14公分，釘子比鉛筆短12公分。請問釘子是幾公分？
7. 客廳的長度比臥室長8公尺，臥室的長度是4公尺。請問客廳的長度是幾公尺？
8. 學校會議室的長度是26公尺，小美房間的長度比會議室少20公尺。請問小美房間的長度是幾公尺？

答案：*1.* 6公尺　*2.* 1公尺
3. 25尺　*4.* 4尺
5. 12公分　*6.* 2公分
7. 12公尺　*8.* 6公尺

單元 99

汽車展覽會

台北市信義路外貿協會舉辦了一次汽車展覽會，一共有 37 家汽車製造商參加，會場中共有 267 輛汽車；去年參加的廠商比今年多 12 家。今年展出的車子中有 150 輛是紅色的汽車，有一輛大型的汽車有 46 個成人座位和 12 個兒童座位。有一個廠商展示了 26 輛跑車，其中有 12 輛是最新型的，有 6 輛是從高雄運來的。

中山國中學生搭乘 2 輛遊覽車來參觀，一輛車載了 24 位學生，另一輛車載了 22 位學生，學生中有 21 位男生。他們選出 3 位男生和 3 位女生參加廠商舉辦的摸彩遊戲。他們得到了 35 張貼紙和 23 罐飲料。有 12 張貼紙是相同的圖案，有 10 罐飲料是橘子汁。在展覽會中學生們看到許多車子，也玩得很高興。

1. 去年有幾家廠商參加展覽會？
2. 去年參加的廠商比今年多幾家？
3. 大型汽車的成人座位比兒童座位多幾個？
4. 不是從高雄運來的跑車有幾輛？
5. 搭乘遊覽車來參觀展覽會的中山國中學生有幾位？
6. 搭乘遊覽車來參觀展覽會的中山國中女生有幾位？
7. 中山國中參加摸彩的學生有幾位？
8. 中山國中沒有參加摸彩的女生有幾位？
9. 參展的車子中，不是紅色的有幾輛？
10. 學生們共得到幾張貼紙？
11. 學生得的獎品哪一樣較多？多多少？

12. 學生們一共得到幾件獎品？

13. 不同圖案的貼紙比相同圖案的貼紙多幾張？

14. 舊型的跑車有幾輛？

15. 如果有一個廠商也展出了 13 輛跑車，展覽會場中一共有多少輛跑車？

答案：

1. 49 家	*2.* 12 家
3. 34 個	*4.* 20 輛
5. 46 位	*6.* 25 位
7. 6 位	*8.* 22 位
9. 117 輛	*10.* 35 張
11. 貼紙多，多 12 份	*12.* 58 件獎品
13. 多 11 張	*14.* 14 輛
15. 39 輛	

單元 100

同樂會

春假時小敏班上舉辦了一次同樂會，共有 126 個男孩和 87 個女孩參加。他們擺好了 15 張長桌和 18 張圓桌，並請了一位廚師幫忙準備餐點。廚師買了 36 棵大白菜、25 公斤蕃茄、18 公斤小黃瓜和 20 盒冰淇淋。冰淇淋中有 8 盒是草莓口味的，剩下的是巧克力口味。廚師還做了 24 盒橘子餅乾和 18 盒巧克力餅乾。除了學生，還有 13 位家長也參加了這個同樂會。

1. 小敏班上的男生比女生多幾個人？
2. 一共有多少學生參加同樂會？
3. 參加同樂會的學生比家長多了幾個人？
4. 總共有多少人參加同樂會？
5. 廚師買了幾盒巧克力冰淇淋？
6. 巧克力冰淇淋比草莓冰淇淋多了幾盒？
7. 因為蕃茄不夠用，廚師又買了 7 公斤。請問廚師總共買了幾公斤蕃茄？
8. 廚師一共做了幾盒餅乾？
9. 同樂會中，男生比家長多了幾個人？
10. 橘子餅乾比巧克力餅乾多幾盒？
11. 同樂會所用的蕃茄和小黃瓜哪一樣多？多了幾公斤？
12. 只有 19 個男生吃草莓冰淇淋，剩下的男生都吃巧克力冰淇淋，請問吃巧克力冰淇淋的男生有幾個人？
13. 吃巧克力餅乾的人包括了所有的女生和 15 個男生，請問吃巧克力餅乾的人有多少人？

14. 吃 4 片餅乾的學生有 26 個，吃 4 片餅乾的家長比吃 4 片餅乾的學生少 17 人，請問吃 4 片餅乾的家長有幾人？

15. 包括了所有的男生和 19 個女生都吃了小黃瓜。請問有幾個學生吃了小黃瓜？

答案：*1.* 39 人　　*2.* 213 人
3. 200 人　　*4.* 226 人
5. 12 盒　　*6.* 4 盒
7. 32 公斤　　*8.* 42 盒
9. 113 人　　*10.* 6 盒
11. 蕃茄，14 公斤　　*12.* 107 人
13. 102 人　　*14.* 9 人
15. 145 人

單元 101

日照時間

從日出到日落所經過的時間叫做日照時間。在地球上，各地因為所在位置的緯度不同，所得的日照時間也不同。

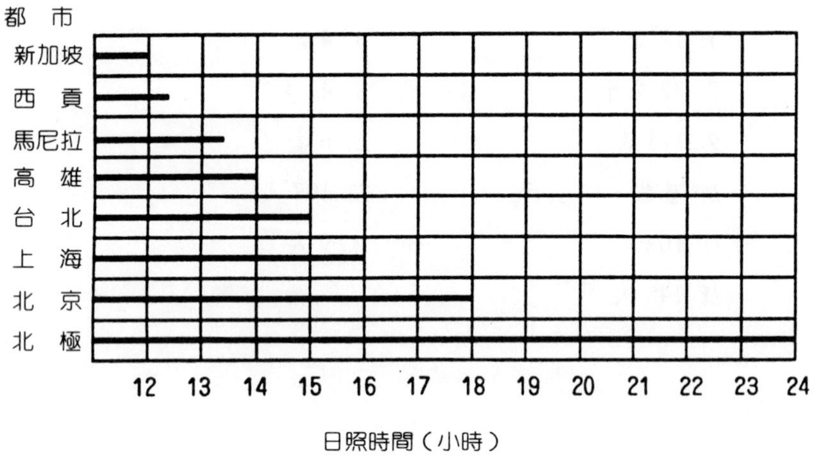

上表表示了地球的北半球在 6 月 22 日（夏至）各地的日照時間，請參考上表回答下列問題。

1. 在 6 月 22 日，台北市的日照時間約有幾小時？
2. 在 6 月 22 日，高雄市的日照時間約有幾小時？
3. 在 6 月 22 日，新加坡的日照時間約有幾小時？
4. 在 6 月 22 日，北極有多長的日照時間？
5. 大偉住在北極，美華住在新加坡，在 6 月 22 日那天，大偉的白天比美華多了幾小時？
6. 美莉住在台北，瑞華住在高雄，6 月 22 日那天，美莉和瑞華一共看到幾小時日光？

7. 小強住在台北，小明住在北京，6月22日那天，小明比小強多享受了幾小時的日光？

8. 假如北京市的12月每天只有4小時的日照時間，請問在北京市6月的白天比12月的多幾小時？

9. 在6月的某一天，楊玲見到約16小時的日光，你認為她比較可能住在哪一個城市？

10. 如果有人說她在6月22日看見約19小時的日光，你認為那天她可能在上表的哪一個城市附近？

答案：

1. 15 小時　　*2.* 14 小時

3. 12 小時　　*4.* 24 小時

5. 12 小時　　*6.* 29 小時

7. 3 小時　　*8.* 14 小時

9. 上海　　*10.* 北京

單元 102

下一個是什麼？

下列每一行的數字都有排列的規則，請你找出他們的規則，並寫出每行最後的三個數字：

1. 2、4、6、8、10、12、____、____、____。
2. 31、33、35、37、39、41、____、____、____。
3. 44、47、50、53、56、59、62、____、____、____。
4. 22、32、42、52、62、72、____、____、____。
5. 25、24、23、22、21、20、____、____、____。
6. 1、4、3、6、5、8、7、10、____、____、____。
7. 10、9、13、12、16、15、19、18、22、____、____、____。
8. 222、223、224、225、226、____、____、____。
9. 370、379、388、397、406、415、424、____、____、____。
10. 311、314、313、316、315、318、317、____、____、____。
11. 123、223、323、423、523、623、____、____、____。
12. 103、213、323、433、543、653、763、____、____、____。

答案：

1. 14、16、18
2. 43、45、47
3. 65、68、71
4. 82、92、102
5. 19、18、17
6. 9、12、11
7. 21、25、24
8. 227、228、229
9. 433、442、451
10. 320、319、322
11. 723、823、923
12. 873、983、1093

單元 103

比一比

1. 小明比小華高 14 公分，小華有 151 公分高，請問小明有多高？
2. 中正橋長 203 公尺，中山橋比中正橋長 23 公尺，請問中山橋有多長？
3. 甲市到乙市的距離比乙市到丙市的距離少 6 公里，如果乙市到丙市的距離是 58 公里，請問甲市到乙市的距離是多少公里？
4. 志偉比美雲高 23 公分，志偉有 157 公分高，請問美雲有多高？
5. 紅線比綠線長 15 公分，綠線比白線短 10 公分，如果白線的長度是 68 公分，那麼綠線有多長呢？
6. 小美做一件洋裝要用 210 公分長的布，她買了 280 公分的布來做洋裝，請問她做好洋裝後還剩下多少布？
7. 媽媽買了 1,385 公分長的布做窗帘，做好後還剩下 63 公分的布。請問做窗帘需要多少布？
8. 台中到台北有 210 公里，坐火車需要 3 小時；台中到高雄的距離比台中到台北長 45 公里，坐火車需要 4 小時。請問台中到高雄共有幾公里？
9. 明德樓高 162 公尺，至善樓比明德樓高 12 公尺，光復樓又比至善樓矮 10 公尺。請問至善樓有多高？光復樓有多高？
10. 光華比小梅重 25 公斤，小青比小梅重 18 公斤，小梅比小莉輕 10 公斤。小莉的體重是 52 公斤，請問小梅的體重多少公斤？志華的體重又是多少公斤？

答案：*1.* 165 公分　　*2.* 226 公尺

3. 52 公里　　*4.* 134 公分

5. 58 公分　　*6.* 70 公分

7. 1,322 公分　　*8.* 255 公里

9. 至善樓高 174 公尺，光復樓高 164 公尺

10. 小梅 42 公斤，志華 67 公斤

單元 104

比較重量和溫度

1. 一個棒球重 180 公克，一個充氣的籃球比它重 300 公克。請問籃球重幾公克？
2. 小莉比她哥哥小東輕 7 公斤，小東有 50 公斤重。請問小莉的體重是多少公斤？
3. 一盒糖果重 500 公克，一袋花生比它重 1,500 公克。請問一袋花生有多重？
4. 烤麵包需要攝氏 70 度的熱度，烤餅乾的溫度比它高攝氏 25 度。請問烤餅乾的溫度是攝氏多少度？
5. 有一天的中午氣溫是攝氏 31 度，那一天的晚上氣溫比中午涼了攝氏 9 度。請問那一天晚上的氣溫是攝氏多少度？
6. 一杯冰水的溫度是攝氏 2 度，另一杯冷開水的溫度比它高攝氏 6 度。請問冷開水的溫度是多少？
7. 一杯熱茶的溫度是攝氏 70 度，一杯橘子汁的溫度比它低攝氏 52 度。請問橘子汁的溫度是攝氏幾度？

答案：*1.* 480 公克　*2.* 43 公斤
3. 2,000 公克　*4.* 95 度
5. 22 度　*6.* 攝氏 8 度
7. 18 度

單元 105

修房子

楊先生的房屋老舊了，他想整修一下房屋，因此他把要做的事先列出來：一樓要換 26 塊玻璃，二樓要換 19 塊玻璃，三樓要換 6 塊玻璃；一樓的玻璃共需花費 858 元，二樓的需花費 433 元，三樓的則需花費 124 元。

楊先生發現房屋的地板也壞了。修理廚房地板需要 739 元，修理浴室地板需要 326 元，修理走廊地板需要 222 元。

楊先生修理了玻璃和地板後，還剩下 1,978 元，他想用剩下的錢修理門和三個房間的天花板。修理門需要 412 元，修理三個房間的天花板價錢是 516 元。

1. 換裝二樓和三樓的玻璃共要多少錢？
2. 換裝二樓和三樓玻璃的費用比一樓的玻璃少多少元？
3. 換一樓的玻璃比換二樓玻璃多花多少錢？
4. 修理廚房地板比修理走廊地板多花了多少錢？
5. 修理廚房地板比修理浴室地板多花了多少錢？
6. 修理走廊地板比修理浴室地板便宜多少錢？
7. 修理門和天花板共需多少錢？
8. 修理門和天花板後，楊先生還剩下多少錢？

答案：*1.* 557 元　　*2.* 301 元

3. 425 元　　*4.* 517 元

5. 413 元　　*6.* 104 元

7. 928 元　　*8.* 1,050 元

單元 106

漢堡大餐

放學後，美華邀同學去麥當勞吃漢堡、喝飲料，今天麥當勞正好慶祝開幕十週年，全面優待。「麥香堡」是附各種佐料的漢堡，只賣 40 元；「超級大漢堡」是一種八層的特大漢堡，賣 200 元。其餘各類漢堡和雞塊一律便宜 5 元。「麥香雞堡」平常賣 75 元，「麥克雞塊」一盒平常賣 50 元。飲料和奶昔的價格不變，一杯 250c.c.的可樂賣 15 元，500c.c.的賣 30 元，一大瓶可樂賣 50 元，一杯 250c.c.的奶昔賣 20 元，500c.c.的奶昔賣 35 元，一桶奶昔賣 80 元。

1. 麥當勞店中最貴的東西是什麼？
2. 美華他們在這天買一個麥香雞堡和一盒麥克雞塊，會比買兩盒麥克雞塊貴多少元？
3. 這天買兩盒麥克雞塊比兩個麥香雞堡便宜多少錢？
4. 如果這天拿 80 元買一個麥香雞堡和一杯 500c.c.可樂，還差多少錢？
5. 買一瓶可樂比兩杯 500c.c.的可樂便宜多少？
6. 美華買了兩個麥香雞堡，和一杯 250c.c.的可樂，瑞敏買了兩份麥香堡和一杯 500c.c.的可樂。請問哪一個人花的錢較多？多多少錢？
7. 請你畫一個圖表示你吃了「超級大漢堡」以後的樣子。

答案：*1.* 超級大漢堡　*2.* 25 元

3. 50 元　*4.* 20 元

5. 10 元　*6.* 美華花的錢較多，多 45 元

7. 開放答案

單元 107

房屋的面積

甲屋　面積：1060 平方公尺

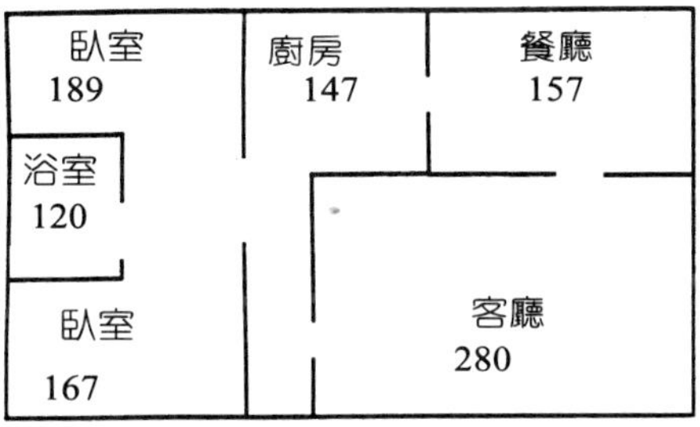

乙屋　面積：852 平方公尺

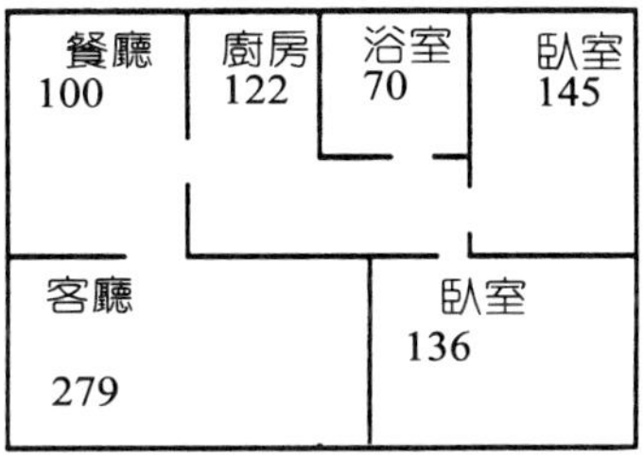

丙屋　面積：660 平方公尺

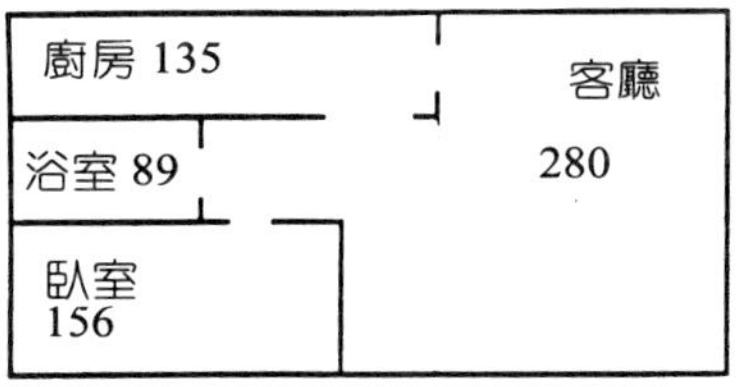

丁屋　面積：1071 平方公尺

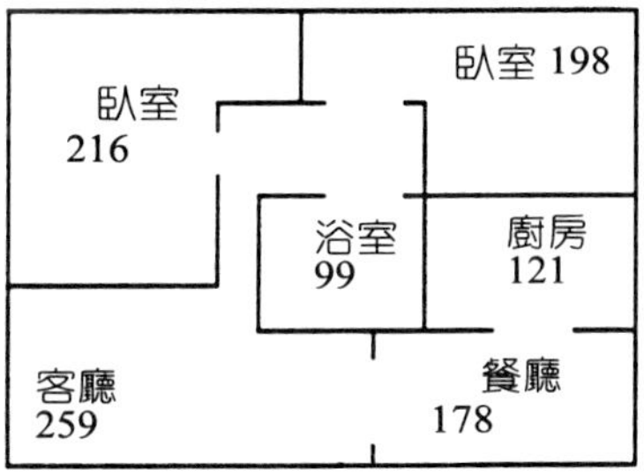

1. 哪　棟房屋的面積最大？
2. 哪一棟房屋的面積最小？
3. 乙屋和丙屋的廚房面積一共有多大？
4. 乙屋的兩間臥室面積一共有多大？
5. 甲屋的廚房面積比乙屋的廚房面積大多少？
6. 丙屋的廚房面積比丁屋的廚房面積大多少？
7. 乙屋的臥室面積比丙屋的臥室面積大多少？
8. 乙屋和丙屋浴室的面積一共是多少平方公尺？
9. 丁屋的廚房比甲屋的廚房小多少？

10. 甲屋的廚房和臥室的面積合起來一共有多大？

11. 哪一棟房子的客廳最大？

12. 哪一棟房子的浴室最小？

答案：*1.* 丁屋　*2.* 丙屋

3. 257平方公尺　*4.* 281平方公尺

5. 25平方公尺　*6.* 14平方公尺

7. 125平方公尺　*8.* 159平方公尺

9. 26平方公尺　*10.* 503平方公尺

11. 甲屋和丙屋　*12.* 乙屋

單元 108

人口統計

下表是一個人口統計表，請參考下表回答問題：

里　別	人口數（民國 70 年）	人口數（民國 80 年）
中山里	2,860 人	3,045 人
大安里	7,897 人	6,678 人
文山里	4,775 人	5,948 人
大同里	2,546 人	3,775 人
中正里	1,084 人	2,606 人
美仁里	913 人	1,287 人

1. 大同里在 80 年的人口比 70 年多了多少人？
2. 中正里在 80 年的人口比 70 年多了多少人？
3. 哪一個里的人口在 70 年到 80 年間反而減少了？減少了多少人？
4. 美仁里在 70 年的人口比 80 年少了多少人？
5. 如果 84 年文山里的人口比 80 年的少了 1,750 人，請問民國 84 年文山里將是多少人？
6. 大同里希望在民國 85 年時能增加到 5,500 人，請問在民國 80 年後還需要再遷入多少人？
7. 美仁里是一個小社區，民國 80 年時有 468 人是大同公司的員工。請問民國 80 年時美仁里有多少人不是大同公司的員工？
8. 民國 80 年哪一個里的人口最多？哪一個里的人口最少？兩個里相差多少人？

答案：*1.* 1,229 人 *2.* 1,522 人

3. 大安里，少 1,219 人 *4.* 374 人

5. 4,198 人 *6.* 1,725 人

7. 819 人

8. 大安里最多，美仁里最少，相差 5,391 人

單元 109

合作社

1. 彰化高工三年級的學生準備籌募一個食品合作社，每個人必須捐出一些食品給合作社。小迪捐出 4 罐花生醬，還捐了花生醬二倍數量的果凍，請問小迪捐出多少果凍？
2. 美玲捐出 6 個油餅，又捐了油餅二倍數量的蛋糕，請問她捐出幾塊蛋糕？
3. 3 個女孩各捐 5 罐醬菜，請問她們共捐了幾罐醬菜？
4. 小張和小王每人各捐 4 罐水果、1 條麵包，請問他們共捐了幾罐水果？
5. 小江捐了 3 瓶蕃茄醬，他的一位朋友也捐了同樣的東西，請問他們共捐了幾瓶蕃茄醬？
6. 雅琴和小玉各捐了 10 包面紙、2 捲紙巾，請問他們共捐了幾包面紙？
7. 婷方的社團，每人各捐了 1 袋香腸，每袋有 10 條香腸，社團共有 7 人，請問他們共捐了幾袋香腸？
8. 三年級的籃球隊員，每人捐 1 箱果汁，隊中共有 9 個隊員，請問他們共捐了幾箱果汁？

答案：*1.* 8 罐　*2.* 12 塊
3. 15 罐　*4.* 8 罐
5. 6 瓶　*6.* 20 包
7. 7 袋　*8.* 9 箱

單元 110

搬家

小飛一家人打算搬到小鎮居住。整理時，他們清除了一些不必要的東西送給朋友。

1. 小飛把所有的橡皮擦分給 4 個朋友，每人可得 3 塊。請問他原有幾塊橡皮擦？
2. 小飛把所有的球分給 4 個朋友，每人可得 2 個球，他也給每人一本漫畫書。請問他原有幾個球？
3. 小飛把拼圖玩具送給 5 個朋友，每人可拿 3 份。請問他原有幾份拼圖玩具？
4. 小飛的姊姊美華把她的故事書分給 6 個朋友，每人可拿 4 本。請問美華有幾本故事書？
5. 小飛把彈珠送給 7 位朋友，每人可得 3 個，現在小飛已經沒有彈珠了。請問他原有幾個彈珠？
6. 美華把手帕送給 9 位朋友，每人可拿 2 條，請問她原有幾條手帕？
7. 小飛把唱片分給 10 個朋友，每人可分得 3 張。請問他送了幾張唱片？
8. 美華把一些漫畫書送給 8 個朋友，每人可分得 1 本。此外，她還送給每個人一張書籤。請問她共送了幾本漫畫書？

答案：*1.* 12 塊　　*2.* 8 個

3. 15 份　　*4.* 24 本

5. 21 個　　*6.* 18 條

7. 30 張　　*8.* 8 本

單元 111

包裝鞋子

小文和中中到鞋廠去打工，負責包裝鞋子，林先生負責教他們。例如：「三盒，一雙一盒」，意思就是從輸送帶中拿三雙鞋子，每一雙放進一盒。林先生說得很快，所以他們要仔細聽。

小文看到林先生走過來了，他仔細聽林先生說：「四盒咖啡色鞋，一雙一盒；三盒黑靴，一雙一盒。」

林先生又告訴中中說：「一盒藍皮鞋，二雙一盒；二盒紅靴，二雙一盒；三盒高跟鞋，一雙一盒。」

請問：

1. 小文要拿幾雙咖啡色的鞋？
2. 小文要拿幾雙黑靴？
3. 中中要拿幾雙藍皮鞋？
4. 中中要拿幾雙紅靴？
5. 中中要拿幾雙高跟鞋？

林先生又過來了，他說：「小文，三盒紅靴，一雙一盒；兩盒高跟鞋，二雙一盒。」再對中中說：「四盒黑靴，一雙一盒；三盒紅靴，一雙一盒。」他們又開始工作。

請問：

6. 小文要拿幾雙紅靴？
7. 中中要拿幾雙紅靴？
8. 小文要拿幾雙高跟鞋？
9. 中中要拿幾雙黑靴？

答案：*1.* 4 雙　　*2.* 3 雙

3. 2 雙　　*4.* 4 雙

5. 3 雙　　*6.* 3 雙

7. 3 雙　　*8.* 4 雙

9. 4 雙

單元 112

賣橘子

丁先生的水果攤上有許多水果，今年過年時橘子一公斤賣 38 元，去年因為大豐收，一公斤只賣 32 元，今年林老師訂 6 公斤，白先生訂 9 公斤，胡太太訂 7 公斤，張小姐今年訂 8 公斤，她去年只訂了 6 公斤，周奶奶去年、今年都買 7 公斤，請問：

1. 林老師買橘子花了多少錢？假如是去年，他買這些橘子只要花多少元？
2. 白先生今年買橘子要付多少元？假如是去年只要多少元？
3. 胡太太今年買橘子要花多少元？
4. 張小姐去年付給丁先生多少買橘子的錢？她今年要付多少呢？
5. 周奶奶去年要付多少錢買這些橘子？她今年要付多少錢買這些橘子？

答案：*1.* 228 元，192 元　*2.* 342 元，288 元
3. 266 元　*4.* 192 元，304 元
5. 224 元，266 元

單元 113

停車

市區中沒有足夠空間停放小客車、貨車和大客車，市民常把車子停在違法的地方。如果違規停車就會收到一張罰單。當你收到罰單時，你就要付罰款了。現在我們看看發生了什麼事……

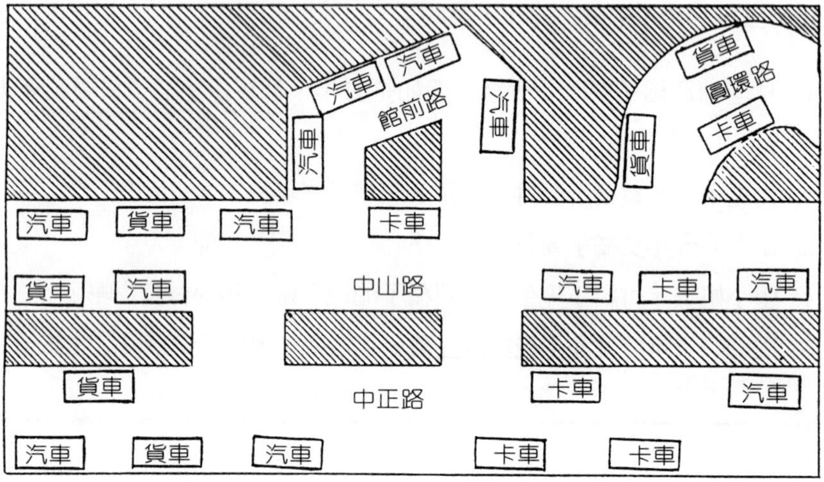

1. 中正路禁止停貨車，假如每輛罰款是 300 元，在中正路上總共可以收到多少罰款？
2. 中山路禁止停卡車，假如每輛罰款是 150 元，請問在中山路上可以收到多少罰款？
3. 館前路晚上禁止停車，現在是晚上，假如每輛罰款 300 元，晚上在館前路共可以收到多少元罰款？
4. 館前路早上禁止停汽車，現在是早上，假如每輛罰款 150 元，在館前路共可以收到多少元罰款？

5. 圓環路不能停卡車，否則每輛罰款 150 元。請問圓環路上共可以收到多少元罰款？
6. 哪一條路停的汽車最多？
7. 哪一條路停的卡車最多？
8. 假如每輛貨車的罰款是 300 元，在中山路上又不可以停貨車，那麼違規的罰款共可收多少元？
9. 假如中正路上不可以停車，凡是違規停車的罰款每輛 300 元，請問這條街上的罰款總共可以收多少元？

答案：*1.* 600 元　*2.* 300 元
3. 1,200 元　*4.* 600 元
5. 150 元　*6.* 中山路
7. 中正路　*8.* 600 元
9. 2,400 元

單元 114

蔬菜和水果

水果名稱	單位	價格
大蘋果	1 個	30 元
水梨	1 個	45 元
香蕉	1 根	7 元
葡萄	1 盒	35 元
加州李	1 個	15 元
桃子	1 個	25 元
洋蔥	1 斤	20 元
馬鈴薯	1 斤	18 元
小黃瓜	1 斤	30 元
南瓜	1 個	35 元

1. 哪一種水果最貴？
2. 哪一種水果最便宜？
3. 12 個大蘋果要多少元？
4. 10 個桃子要多少元？
5. 9 個水梨要多少元？
6. 買 15 盒葡萄要多少元？
7. 12 個李子要多少元？
8. 10 斤洋蔥的價錢是多少元？
9. 買 12 斤小黃瓜是多少元？
10. 6 個南瓜要多少元？

11. 店中共有幾種蔬菜和水果？

12. 6 斤洋蔥要多少元？

13. 7 個大蘋果要多少元？

14. 3 根香蕉要多少元？

15. 買 5 個南瓜要付多少元？

16. 9 斤小黃瓜的價錢是多少元？

答案： *1.* 水梨　*2.* 香蕉　*3.* 360 元

4. 250 元　*5.* 405 元　*6.* 525 元

7. 180 元　*8.* 200 元　*9.* 360 元

10. 210 元　*11.* 10 種　*12.* 120 元

13. 210 元　*14.* 21 元　*15.* 175 元

16. 270 元

單元 115

汽車共乘

1. 某玩具公司鼓勵員工共乘汽車上班。全體員工共開 10 輛車，每輛車上坐 4 人，請問公司共有多少位員工？
2. 大偉在上班途中看到 13 輛新車，每輛車上有 3 人，又看到 4 輛旅行車，請問坐新車的共有多少人？
3. 停車場規定坐滿 4 人的車輛才能停車，停車場有 6 排停車位，每排可停 8 輛車子，請問共可停多少輛車子？
4. 天雄每個月必須開車出差 4 次，每次車上要載 3 人。出差地的路程來回共有 30 公里，請問他每個月出差一共開多少公里的路程？
5. 周先生開車上班，他的 3 位同事每天都搭他的便車，大家說好了每人每月要貼補周先生 200 元。請問 3 位同事一年共要付給周先生多少元？
6. 小李每天開車上班，有 3 位同事每天都搭他的便車，他每星期工作 5 天，請問他每天載多少人去上班？
7. 某日有 6 輛黃色計程車停在中山北路紅燈前，每輛車都只搭載 1 位乘客，請問這些車上一共有幾個人？
8. 某公司共有 11 輛小型交通車，每輛車有 9 個座位，假如今天每輛都都只乘坐 7 人，請問今天共有幾人來上班？

答案：*1.* 40 位　*2.* 39 人
3. 48 輛　*4.* 120 公里
5. 7,200 元　*6.* 3 人
7. 12 人　*8.* 77 人

單元 116

石子、珠寶、寵物

1. 嘟嘟把他收集的石子分給他的 6 個表姊妹，每人 2 個。請問嘟嘟共分了幾個石子給他的表姊妹？
2. 玲玲把她的珠寶分給 7 個朋友，每人 4 件。請問她共送出幾件珠寶？
3. 豆豆養了 5 隻烏龜，他的青蛙是烏龜的 3 倍。請問他有幾隻青蛙？
4. 大偉有 2 個睡袋，他的好朋友人數是睡袋數量的 6 倍。請問他有多少個好朋友？
5. 大偉送他 8 個堂兄弟袖釦，每人 3 副。請問他共送了幾副袖釦？
6. 大偉有 10 支蠟燭，他的茶杯數是蠟燭數量的 4 倍。請問他有幾個茶杯？
7. 小管有 12 只鼓，他的鼓鎚數是鼓數量的 2 倍。請問他有幾支鼓錘？
8. 秀琴送旗子給她的 7 個朋友，每人 2 面。請問她共送了幾面旗子？

答案：*1.* 12 個　*2.* 28 件

3. 15 隻　*4.* 12 位

5. 24 副　*6.* 40 個

7. 24 支　*8.* 14 面

單元 117

學生專車

有三個城市想聯合改善公車服務；每一個城市都有不同的公車公司。臺中市的公司想繼續經營，公司內的司機都接受過良好的訓練，態度親切。豐原市想重換公司經營，它的公車時常拋錨，司機的脾氣暴躁，且時常遲到。彰化市民對公車沒什麼意見，對公車司機的印象良好，但認為最好能降低票價。

臺中市有 3 輛中型學生專車，每輛可載 33 人，另有 2 輛大型車，每輛可載 42 人；豐原市有 4 輛小型車，每輛可載 22 個學生，以及 3 輛中型車，每輛可載 33 人；彰化市提供了 2 輛可載 50 人的遊覽車，和 3 輛可載 33 人的中型專車載學生。

1. 哪一個城市想改換公司經營？
2. 哪一個城市的公司想繼續經營？
3. 彰化市共有多少學生可搭專車？
4. 彰化市共有幾個學生可坐載 33 人的中型專車？
5. 彰化市過去曾有兩輛可載 40 人的專車，共有多少學生可搭這兩輛專車？
6. 豐原市可搭乘小型專車的學生有幾人？
7. 有多少學生可搭豐原市的 3 輛中型專車？
8. 彰化市有多少學生可搭乘遊覽車上學？
9. 豐原市民想改換公車公司的理由有哪些？

答案：*1.* 豐原市　　*2.* 台中市

3. 199 人　　*4.* 99 人

5. 80 人　　*6.* 88 人

7. 99 人　　*8.* 100 人

9. 公車時常拋錨、司機脾氣暴躁、時常遲到

單元 118

自助旅行

趙家準備出國自助旅行，他們想儘可能多看看當地的一切景物，所以決定在當地搭公車或火車旅遊。他們從甲地到乙地約 600 公里，乙地到丙地是 650 公里，丙地到丁地是 550 公里，由丁地再回到甲地是 800 公里，所有旅程約為 2600 公里。

他們看火車和公車時間表，第一天公車 1 小時走 55 公里，走了 6 小時；第二天公車 1 小時可走 50 公里，要走 7 小時；第三天坐火車，每小時走 58 公里，走了 9 小時；第四天坐火車 7 小時，每小時走 55 公里；第五天他們打算到丁地，坐了 6 小時火車，每小時走 52 公里，然後他們打算在丁地停留數天。不論搭火車或公車都有一些優待價，以一個四口之家來說，平均坐火車 1 公里要花當地的錢 7 元，坐公車 1 公里要 5 元，旅館和餐費要另外付費，不計算在內，請問：

1. 趙家第一天共走多少公里？
2. 趙家第二天共走多少公里？
3. 趙家第五天共走多少公里？
4. 他們第一天共花多少交通費？
5. 他們第五天共花多少交通費？
6. 他們第四天共花多少交通費？
7. 他們第三天共走多少公里？

答案：*1*. 330 公里　　*2*. 350 公里

3. 312 公里　　*4*. 1,650 元

5. 2,184 元　　*6*. 2,695 元

7. 522 公里

單元 119

校内籃球賽

延平高中舉辦籃球賽來慶祝校慶，高一、高二、高三的籃球隊想知道有多少人來看球賽，並且也要算出每場球賽收了多少門票。每一隊都有紀錄，以此紀錄可算出門票的收入。

高　三

十二月九日	3 場球賽	平均每場 230 人觀賽
十二月十日	2 場球賽	平均每場 230 人觀賽
十二月十一日	1 場球賽	平均每場 390 人觀賽
十二月十二日	4 場球賽	平均每場 210 人觀賽

高　二

十二月九日	4 場球賽	平均每場 220 人觀賽
十二月十日	3 場球賽	平均每場 230 人觀賽
十二月十一日	2 場球賽	平均每場 210 人觀賽

高　一

十二月九日	4 場球賽	平均每場 210 人觀賽
十二月十日	3 場球賽	平均每場 220 人觀賽
十二月十一日	2 場球賽	平均每場 240 人觀賽

1. 十二月十日高二的 3 場球賽共有多少觀眾？
2. 十二月十二日高三的 4 場球賽共有多少觀眾？

3. 十二月十一日高一的 2 場球賽共有多少觀眾？

4. 十二月十日高三的 2 場球賽共有多少觀眾？

5. 十二月九日高三的 3 場球賽共有多少觀眾？

6. 十二月九日高二的 4 場球賽共有多少觀眾？

7. 十二月十一日高二的 2 場球賽共有多少觀眾？

8. 十二月九日高一的 4 場球賽共有多少觀眾？

9. 如果高三的球賽每人收門票 10 元，220 個觀眾可收多少元？

10. 如果高二的球賽每人收門票 8 元，310 個觀眾可收多少元？

11. 如果高一的球賽每人收門票 5 元，430 個觀眾可收多少元？

答案： *1.* 690 人　*2.* 840 人　*3.* 480 人

4. 460 人　*5.* 690 人　*6.* 880 人

7. 420 人　*8.* 840 人　*9.* 2,200 元

10. 2,480 元　*11.* 2,150 元

單元 120

拼字比賽

甲、乙、丙、丁四組同學做拼字比賽，每一組有 4 位同學，每個人拼對一個字，就可得到那個字的字母數量的分數，如果一個字是由 6 個字母拼成，那麼拼對這個字就可得到 6 分。例如 cat 這個字，拼對的人就可得到 3 分，而這一組中 4 位同學如果都拼對 cat 這個字的話，這一組就可得到 12 分，現在讓我們看看每一組的分數：

字	甲組		乙組		丙組		丁組	
	對	錯	對	錯	對	錯	對	錯
STUDENT	4	0	3	1	3	1	4	0
PRESENTED	3	1	3	1	3	1	4	0
APPLE	4	0	4	0	4	0	4	0
NAP	4	0	3	1	4	0	4	0
CAPE	4	0	4	0	3	1	3	1
MUSCLE	0	4	0	4	0	4	0	4
ME	4	0	4	0	4	0	4	0
INVENTOR	1	3	2	2	1	3	2	2

請問：

1. 哪個字最容易拼？你如何辨別？
2. 哪個字最難拼？你如何辨別？
3. 甲組得到 16 分，因為答對 CAPE 這個字，而 CAPE 這個字有 4 個字母，並且 4 位同學都答對了這個字，請問乙組答對 CAPE 這個字得到幾分？
4. 丙組因答對 CAPE 得幾分？
5. 看圖表可知丁組答對 CAPE 得幾分？

6. 丁組在 PRESENTED 這個字上可得到幾分？

7. 丙組在 NAP 這個字上可得幾分？

8. 乙組在 MUSCLE 這個字上可得幾分？

9. 丁組在 INVENTOR 這個字上可得幾分？

10. 丙組在 ME 這個字上可得幾分？

11. 丙組在 PRESENTED 這個字可得幾分？

12. 乙組在 INVENTOR 這個字上可得幾分？

13. 甲組在 APPLE 這個字上可得幾分？

14. 丁組在 PRESENTED 這個字上可得幾分？

答案：*1.* ME 和 APPLE，因為沒有學生拼錯

2. MUSCLE，因為沒有學生拼對

3. 16 分　　*4.* 12 分

5. 12 分　　*6.* 36 分

7. 12 分　　*8.* 0 分

9. 16 分　　*10.* 8 分

11. 27 分　　*12.* 16 分

13. 20 分　　*14.* 36 分

單元 121

請客

1. 祖母做了 12 個韭菜盒當晚餐，另外，她又做了 10 倍韭菜盒數量的炸雞腿送到自助餐店寄賣，請問她到底炸了多少隻雞腿去賣？
2. 一盒雞蛋有 12 個，黃太太買了 13 盒準備要染成紅蛋，黃先生拿出了 27 個蛋做成滷蛋，請問黃太太染了幾個紅蛋？
3. 大拜拜請客，祖母放了 16 張大圓桌，每張桌子可坐 14 人，其中 11 張桌子坐大人，請問有多少大人來吃拜拜？
4. 餐宴上大家玩一種尋找糖果的遊戲，小華找到 22 顆糖，小青找到 21 顆糖，主人一共藏了 14 倍小青找到糖數的糖，請問主人共藏了多少顆糖？
5. 去年只有親人參加王伯伯的生日宴，今年是王伯伯八十大壽，邀請了去年人數 15 倍的來賓來給王伯伯作壽，如果去年的親人人數是 20 人，請問今年有多少人參加生日宴？
6. 餐宴中大人一共吃 34 塊雞塊，孩子們吃的雞塊是大人的 12 倍，有一對兄弟共吃了 14 塊雞塊，請問孩子們吃了多少雞塊？
7. 麵包店開張時，李老闆做了 11 種不同的小西點招待來賓，每種 24 個，他又做了 56 個巧克力酥餅，請問李老闆共做了多少點心？
8. 如果平常吃一頓晚餐要花掉 23 分鐘，而媽媽用了 13 倍吃晚餐的時間去準備一餐豐盛的晚宴，請問媽媽花了幾分鐘準備這餐晚宴？
9. 山村吃的花生米是林樑的 11 倍，家威吃的花生米是林樑的 12 倍，林樑吃了 23 顆花生米，請問家威吃了多少花生米？
10. 美華花了陳強的 15 倍時間到祖母家，曉雯花了陳強的 14 倍時間到祖母家，如果陳強花了 11 分鐘到祖母家，請問曉雯花了幾分鐘到祖母家？

答案：*1.* 120 隻

2. 129 個

3. 154 人

4. 294 顆

5. 300 人

6. 408 塊

7. 320 個

8. 299 分鐘

9. 276 顆

10. 154 分鐘

單元 122

一排、一行、一堆

1. 廚師煎了 11 排的燻肉，每排有 15 片。請問廚師共煎了幾片肉？
2. 榜單上有 14 排的名字，每排有 18 個名字。請問榜單上共有幾個名字？
3. 郵局收到 18 堆的信，每堆有 8 封。請問郵局共收到幾封信？
4. 團體照中有 24 排人，每排有 26 人，這張照片是 45 吋的。請問照片中共有多少人？
5. 房子後面共種了 42 株草莓苗，小梅每天澆水，幾個月後每株平均結了 27 顆草莓。請問屋後的草莓園共結了幾顆草莓？
6. 水泥工砌了 6 面磚牆，每面用 92 塊磚，水泥工每小時可砌 120 塊磚。請問他共用了多少塊磚？
7. 水池旁有 14 排椅子，每排 16 張。請問水池旁共有幾張椅子？
8. 貨架上有 12 排蕃茄醬，每排有 14 瓶。請問貨架上共有幾瓶蕃茄醬？
9. 有 29 排衝浪者準備衝浪，每排 27 人。請問共有幾位衝浪者準備衝浪？
10. 陶藝家有 17 塊陶土，每塊可做 21 個杯子，陶土每塊重 10 公斤。請問共可做幾個杯子？
11. 珠算班有 25 排學生，每排有 17 人，每人做 13 題的練習。請問珠算班共有幾位學生？
12. 電話薄一頁有 38 行，每一行印 29 個名字，共有 50 頁。請問共印了幾個名字？

答案：*1.* 165 片　*2.* 252 個

3. 144 封　*4.* 624 人

5. 1,134 顆　*6.* 552 塊

7. 224 張　*8.* 168 瓶

9. 783 位　*10.* 357 個

11. 425 人　*12.* 55,100 個

單元 123

菜園

林太太計畫開闢一個小菜園，她知道這是一件辛苦的工作，但也會有許多樂趣。園藝書上說種菜最好是一排一排的種。林太太種了 14 排的黃瓜，每排 22 棵；13 排的蕃茄，每排 33 棵；14 排的青椒，每排 12 棵，還有 14 排的花椰菜，每排 22 棵。

林太太整個夏天都在菜園裡除草、澆水、施肥。最後到採收的時候，每排黃瓜採收了 131 個，每排蕃茄採收了 323 個，每排青椒採收了 231 個，每排花椰菜採收了 121 個。

1. 林太太種了多少棵黃瓜？
2. 她種了多少棵蕃茄？
3. 她的菜園種了多少棵青椒？
4. 林太太從她的菜園內共採收了多少個花椰菜？
5. 她共採收多少個蕃茄？
6. 她共採收多少個黃瓜？
7. 她共採收多少個青椒？

答案：*1.* 308 棵　*2.* 429 棵

3. 168 棵　*4.* 1,694 個

5. 4,199 個　*6.* 1,834 個

7. 3,234 個

單元 124

讀課外書比賽

柏偉和他的同學智文、小凱、光輝、阿福都喜歡讀課外書。柏偉建議來做個比賽，看誰課外書讀得最多，大家都同意。比賽規則是：每讀完一本偵探小說得 12 分；勵志小說得 22 分；名人傳記得 36 分。比賽從 6 月 25 日學校放假開始，到 42 天後為止。

42 天後，每人報告他們所讀的書，阿福讀了 11 本偵探小說、5 本勵志小說、16 本名人傳記。智文讀了 10 本偵探小說、4 本勵志小說和 17 本名人傳記。柏偉讀了 15 本名人傳記、7 本勵志小說和 16 本偵探小說。小凱讀了 16 本名人傳記、8 本勵志小說和 11 本偵探小說。光輝沒來，所以他們決定把自己的分數算好等光輝來再算他的分數。

1. 智文在偵探小說上得幾分？
2. 小凱在偵探小說上得幾分？
3. 柏偉在偵探小說上得幾分？
4. 阿福在偵探小說上得幾分？
5. 小凱在名人傳記上得幾分？
6. 智文在名人傳記上得幾分？
7. 柏偉在名人傳記上得幾分？
8. 阿福在名人傳記上得幾分？
9. 哪一個男孩的分數還沒有算出來？
10. 他們還沒算出哪一種小說的分數？

答案：*1.* 120 分　　*2.* 132 分

3. 192 分　　*4.* 132 分

5. 576 分　　*6.* 612 分

7. 540 分　　*8.* 576 分

9. 光輝　　*10.* 勵志小說

單元 125

球類競賽

柏偉、阿福、志忠、中平決定比賽看誰在各項球賽中得分最多。計分方式如下：

籃球賽　進一球得 2 分

足球賽　進球門得 3 分

棒球賽　打擊一球得 1 分

	籃球賽（進球數）			足球賽（進球數）			棒球賽（擊球數）		
	星期一	星期三	星期五	星期一	星期三	星期五	星期一	星期三	星期五
阿福	23	44	32	13	33	21	124	134	129
柏偉	32	43	34	12	32	23	146	121	122
志忠	24	42	43	23	11	33	126	129	154
中平	33	24	44	32	32	32	143	138	196

1. 星期一的籃球賽中，誰的分數最少？
2. 在星期三的籃球賽中，誰的分數最多？是幾分？
3. 志忠在星期五的籃球賽中進球數是多少？
4. 阿福在星期一的籃球賽中得幾分？
5. 阿福在星期一的足球賽中得幾分？
6. 阿福在星期一的棒球賽中得幾分？
7. 柏偉在星期五的籃球賽中得幾分？
8. 中平在星期五的籃球賽中得幾分？

9. 柏偉在星期五的足球賽中得幾分？

10. 志忠在星期三的足球賽中得幾分？

11. 中平在星期三的棒球賽中得幾分？

12. 中平在星期三的棒球賽打擊幾球？

13. 為什麼中平在星期三的棒球得分和打擊球數相同？

答案：*1.* 阿福　　*2.* 阿福，88 分

3. 43 球　　*4.* 46 分

5. 39 分　　*6.* 124 分

7. 68 分　　*8.* 88 分

9. 69 分　　*10.* 33 分

11. 138 分　　*12.* 138 球

13. 因為打擊一球得一分

單元 126

玩具拍賣會

你去過拍賣會嗎？在拍賣會上很多人一起買東西。當拍賣人舉起拍賣的東西時，人們就對這東西開出他們願意付的價錢。以下是拍賣品的數量與價格。

13 張小板凳 每張 49 元	16 支湯匙 每支 12 元	12 盒火柴 每盒 19 枝	11 架模型飛機 每架 125 元	27 箱洋娃娃 每箱 22 個
37 包爆米花 每包 20 元	42 個書包 每個 180 元	55 盒蠟筆 每盒 12 枝	11 支行動電話 每個 1322 元	61 公升油 每公升 44 元
52 艘小帆船 每艘 95 元	58 公升飲料 每公升 48 元	77 盒刮鬍刀 每盒 10 片		

1. 有多少盒蠟筆要賣？
2. 每盒蠟筆有幾枝？
3. 共有多少枝蠟筆要賣？
4. 每個書包要賣多少元？
5. 有幾個書包要賣？
6. 42 個書包的總價是多少？
7. 買 37 包爆米花共需付多少元？
8. 刮鬍刀共有幾片？
9. 13 張小板凳共需多少錢？
10. 11 架模型飛機，共賣多少元？
11. 所有的油共賣多少元？

12. 小帆船和模型飛機哪一個比較貴？

13. 蠟筆和刮鬍刀的盒數哪一個較多？

答案：*1.* 55 盒　*2.* 12 枝

3. 660 枝　*4.* 180 元

5. 42 個　*6.* 7,560 元

7. 740 元　*8.* 770 片

9. 637 元　*10.* 1,375 元

11. 2,684 元　*12.* 模型飛機

13. 刮鬍刀

單元 127

手工藝材料店

1. 美真買了 21 尺長的中國結線，小惠買的線是美真的 10 倍長，小惠買了多長的線？
2. 王媽媽把一條棉線剪成 12 段，每段長 30 公分，這條棉線原有幾公分長？
3. 張老師有 25 個鉚釘，她需要 11 倍的鉚釘來做皮包，張老師的皮包共需多少鉚釘？
4. 幸宜買了 14 張包裝紙，每張 100 公分長，她原本已有 6 張包裝紙，請問幸宜共買了幾公分長的包裝紙？
5. 曉慧在星期一賣了 16 磅毛線，星期二賣了 12 磅。這星期曉慧賣出的毛線是星期一的 10 倍，曉慧這週共賣了多少磅的毛線？
6. 曉慧的店中有22盒鉤針，每盒14支，曉慧共放了多少鉤針在盒子裡？
7. 小莉買中國結線的錢比淑雅多 12 倍，淑雅花了 34 元，小莉花了多少錢呢？
8. 林老闆雇了 13 個人在店裡工作，上星期每人工作 31 小時，上上星期每人工作 33 小時，上星期他們共工作多少小時？
9. 小玉有 16 條中國結的線和 16 包鈴鐺，每條線長 12 尺，每包有 50 個鈴鐺。請問小玉共有多少鈴鐺？
10. 林老闆將棒針送給 14 個人，每人得到 22 支棒針和 15 支鉤針，林老闆送了多少支棒針給別人？

答案：*1.* 210 尺　　*2.* 360 公分
3. 275 個　　*4.* 1,400 公分
5. 160 磅　　*6.* 308 支
7. 408 元　　*8.* 403 小時
9. 800 個　　*10.* 308 支

單元 128

生活小插曲

1. 聯合報有 122 欄的廣告，每欄有 17 個廣告，請問報上共有多少廣告？
2. 中國戲院有 24 排座位，每排 24 個座位，請問共有多少座位？
3. 電力公司有 199 堆應徵工作的信，每堆有 28 封信，請問共有多少應徵工作的信件？
4. 木匠砍了 244 堆木材放在倉庫，每堆 27 根，請問倉庫內共有多少木材？
5. 百貨公司職員準備贈送 28 疊禮券，每疊 32 張，每張 25 元。請問共贈送了幾張禮券？
6. 法庭裡有 36 排人，其中 17 人是律師，每排站了 45 人。請問法庭中共有多少人？
7. 瑞郁裝了 14 袋的積木，每袋有 16 塊，請問袋內共有多少塊積木？
8. 立屏有 19 個書櫃，每個書櫃放了 13 本書，請問立屏共有多少書？
9. 超市賣了 24 盒橘子，每盒 15 個，請問超市共賣了多少個橘子？
10. 小琴撿了 18 袋玉米，每袋有 36 根，她煮了 12 根。請問小琴共撿了多少根玉米？
11. 馬路上有 27 輛牛奶車，每輛車有 34 箱牛奶、43 條牛油。請問車上共有多少箱牛奶？
12. 王先生和王太太去年夏天去了 33 個地方旅遊，在每個地方都照了 36 張照片，並在每個地方停留 11 天。請問他們共照了多少張照片？

答案：*1.* 2,074 個　　*2.* 576 個

3. 5,572 封　　*4.* 6,588 根

5. 896 張　　*6.* 1,620 人

7. 224 塊　　*8.* 247 本

9. 360 個　　*10.* 648 根

11. 918 箱　　*12.* 1,188 張

單元 129

打字比賽

小卿 15 歲，正在讀國三，她的姊姊在一家建設公司當秘書，她工作的部門有 33 位女性和 17 位男性的秘書。小卿的姊姊叫小玉，她告訴小卿說，他們要舉辦一個競賽，這個競賽分為兩部分，第一部分看誰將信件打字打得最快最好，第二部分是數字圖表的打字比賽。

每個打字員要打 12 封信，每封 33 個字，每個數字圖表有 42 個數字，每個人必須打完 12 組數字。比賽時，只有正確的信件和圖表才計分；如果有錯就不計分。

小玉每天晚上都練習打字，小卿幫她找錯誤，公司裡其他人也都在練習。比賽的日子終於到了，小卿祝小玉好運，小玉上班去了，小卿也上學去，但小卿一直無法專心上課，因為她對競賽更有興趣。

小玉回家後告訴小卿比賽的情形：她共打了 12 封沒有錯的信件和 11 組正確的數字圖表；她的朋友小惠則打了 11 封正確的信，和 12 組正確的數字圖表；小林則打完了所有的信件和數字圖表，沒有一個錯誤。

1. 小玉沒有錯誤的信件，共打了多少個字？
2. 小玉的正確數字圖表，共打了幾個數字？
3. 小惠正確的信件，共打了多少個字？
4. 小林共打了幾組數字？

答案：*1.* 396 個　　*2.* 462 組

3. 363 個　　*4.* 12 組

單元 130

王子祥和他的朋友

王子祥在台北市開公車。公車司機彼此相處融洽，他們每天都會談論自己開的路線和途中所載的乘客。

王子祥有一些固定的乘客。在他每天的頭班車上，偉立和千瑩在社子站上車，小凱在葫蘆里上車，千瑩和小凱在學校附近的酒泉街下車，偉立在工廠附近的民族西路口下車。

陳國強也是公車司機，他開另一條路線，他也有一些常客，一位 87 歲的李太太只要是上課時間一定搭乘他的車到老人大學進修。

王子祥每天有 47 位乘客，一個月開車 22 天，坐他的車一趟要 12 元。

陳國強每天有 39 位乘客，一個月開車 19 天，車資 24 元。

張偉仁也是司機，每個月共有 783 位乘客，車資 12 元。

1. 每個月有多少人搭乘王子祥的車子？
2. 每個月有多少人搭乘陳國強的車子？
3. 王子祥每天有 47 位乘客，他開的公車一天的收入是多少？
4. 陳國強所開的公車一天收入多少？
5. 哪一條路線最長？為什麼？
6. 哪一位乘客搭乘王子祥的車子在酒泉街下車？
7. 有多少乘客每個月搭乘張偉仁的車？
8. 張偉仁的公車每個月的收入有多少？

答案：*1.* 1,034 人　　*2.* 741 人

3. 564 元　　*4.* 936 元

5. 陳國強的路線，因為票價較貴

6. 千瑩和小凱　　7. 783 人

8. 9,396 元

單元 131

速　率

木　筏	3 公里（時速）
帆　船	12 公里（時速）
輪　船	30 公里（時速）
快　艇	112 公里（時速）
遊　艇	26 公里（時速）
划　艇	2 公里（時速）

1. 依上表所示速度，帆船 31 小時可走幾公里？
2. 依上表所示速度，輪船 12 小時可走幾公里？
3. 木筏橫渡海洋要 223 小時，共走了多少公里？
4. 帆船繞海灣一圈要 13 小時，共走了多少公里？
5. 快艇用最高速度航行 2 小時，共走了多少公里？
6. 划艇 14 小時共走了多少公里？
7. 輪船非常龐大，它可以最佳速率航行，3 小時可走多少公里？
8. 上表中，速度最快的航行工具是什麼？
9. 基隆到高雄大約 400 公里，依上表所示速率，搭乘遊艇 20 小時內可以到達嗎？

答案：*1.* 372 公里　*2.* 360 公里

3. 669 公里　*4.* 156 公里

5. 224 公里　*6.* 28 公里

7. 90 公里　*8.* 快艇

9. 可以

單元 132

買輪胎

小貨車（輪胎）	每個　798 元
計程車（輪胎）	每個　975 元
小型汽車（輪胎）	每個 1,500 元
大型汽車（輪胎）	每個 2,672 元
腳踏車（輪胎）	每個　234 元
摩托車（輪胎）	每個　623 元
拖　車（12 個輪胎）	每個 2,868 元
小拖車（3 個輪胎）	每個 1,630 元

1. 買一組腳踏車輪胎要多少錢？
2. 買一組摩托車輪胎要多少錢？
3. 買一組小拖車輪胎要多少錢？
4. 買一組小型汽車輪胎要多少錢？
5. 買一組小貨車輪胎要多少錢？
6. 買一組拖車輪胎要多少錢？
7. 買一組大型汽車輪胎要多少錢？
8. 買一組計程車輪胎要多少錢？
9. 如果要換 8 輛腳踏車的輪胎，共需要多少輪胎？
10. 如果要換 3 輛拖車的輪胎，共需多少輪胎？

11. 如果要換 12 輛計程車的輪胎，共需多少輪胎？

12. 1 輛拖車需要幾個輪胎？

答案：*1.* 468 元　*2.* 1,246 元
3. 4,890 元　*4.* 6,000 元
5. 3,192 元　*6.* 34,416 元
7. 10,688 元　*8.* 3,900 元
9. 16 個　*10.* 36 個
11. 48 個　*12.* 12 個

單元 133

椅子、船、汽車和其他物品

1. 房間裡有 245 張椅子，其中 123 張是木製的，有 136 張是深色的。請問有幾張椅子不是木製的？
2. 漁船捕了 478 條魚，但是有 264 條魚太小了不能吃，另外還有 157 條魚苗在漁船上。請問有幾條魚可以吃？
3. 在大型停車場中停了 8 排汽車，每排有 110 輛，大部分的汽車已停了 37 小時，請問停車場共停了多少汽車？
4. 一個男孩游泳游了 15 次，一位老師游了 11 次，一個女孩滑了 4 次雪，這些人共游了幾次泳？
5. 書店有 3 堆書出售，每堆有 213 本書，請問一共有多少書出售？
6. 林老師買了 11 本新書，校長買了 12 本新書，他們共買了幾本新書？
7. 柏蒼看到路旁有 174 個標誌，有 104 個標誌被風吹倒，沒有被吹倒的標誌有多少？
8. 明哲家有 594 本書，其中 323 本是屬於小孩子的書，283 本是平裝本，不是平裝本的書有多少？
9. 有位先生讀了 11 本雜誌，一位婦女讀了 14 本雜誌，他們一共讀了多少本雜誌？
10. 有 4 堆袋子要裝上卡車，每堆有 12 個，每堆袋子重 210 公斤，這些袋子共重多少公斤？

答案：*1.* 122 張　　*2.* 214 條
3. 880 輛　　*4.* 26 次
5. 639 本　　*6.* 23 本
7. 70 個　　*8.* 311 本
9. 25 本　　*10.* 840 公斤

單元 134

適宜的運動

運動和飲食對我們的健康非常重要。每天運動可幫助大多數的人更健康，而年輕人通常會比老年人多運動，讓我們來看看一些人的運動習慣。

1. 偉雄每天做 275 下伏地挺身，他一星期共做幾下？
2. 嘉湄第二週比第一週多跑 3 公里，第二週她跑了 51 公里，第一週她跑了多少公里？
3. 國三女生跳繩比賽，一週以來，每個女生都盡可能的練習，小莉跳 13,826 下，小郁跳 12,974 下，家珍跳 12,896 下，請問三個女孩共跳了幾下？
4. 小閔以繞公園跳繩當做運動，每小時跳 1379 下，這一週共跳了 6 小時，請問她總共跳了幾下？
5. 桂枝以投籃做為健身，她每小時投進 225 個球，這一週共投了 10 小時，她共投進了幾球？
6. 瑞郁做吹氣球運動，共吹了 27 個氣球，有一些吹破了，剩下 19 個，她吹破了幾個？
7. 明哲利用搬木頭健身，他想搬 39 塊木頭，星期一他搬了 16 塊木頭，星期二搬了 13 桶沙，他還有多少木頭要搬？
8. 志清也想搬木頭，星期一他搬了 13 塊，還有 29 塊沒搬，起初他計畫搬幾塊木頭？
9. 俊賢、俊輝、吳賢每天散步，每人每天走 7 公里，俊輝 12 天可走多少公里？
10. 俊賢決定散步完要吃一些水果，他打算吃 37 個水果。他已經吃了 6

個蘋果、5 個梨和 2 塊糖果。請問他已經吃了多少個水果？

答案：

1. 1,925 下

2. 48 公里

3. 39,696 下

4. 8,274 下

5. 2,250 球

6. 8 個

7. 23 塊

8. 42 塊

9. 84 公里

10. 11 個

單元 135

美惠的兔子

美惠要求她的父母幫她買一對兔子，並保證自己能照顧好兔子，每個人都同意這個點子。星期六他們開車到鄉下並拜訪興農農場，那裡賣兔子和許多其他的東西，包括牛奶、雞蛋、乾草、乳酪和雞。同時他們也賣水果，如蘋果、桃子、梨子等。

美惠的父親買了每隻 60 元的兔子兩隻，又花了 525 元買兔子的食物。他們回到家的第一件事就是量兔子的重量，棕色公兔重 600 公克，白色母兔重 500 公克。

第一個月底，美惠再秤這些兔子，棕色公兔重 1 公斤 500 公克，白兔重 1 公斤 200 公克，美惠細心的照顧兔子，核算食物的供給，並算出兔子已經吃了 142 元的食物。有一天她又在計算食物的供給，她算出兔子已經又吃了 211 元的食物，她走到兔子旁邊，發現現在已經有 7 隻兔子了，而不是 2 隻，美惠趕緊跑去告訴她的姊妹。

1. 當初他們剛買進的兔子共重多少？
2. 第一個月棕兔增加多少重量？
3. 第一個月白兔增加多少重量？
4. 二隻兔子價值多少元？
5. 第一個月底，還剩下多少錢的兔子食物？
6. 除了兔子之外，農場還賣幾種東西？
7. 美惠家的兔子生了幾隻小兔？
8. 假如美惠家的小兔子又再各生 3 隻小小兔子，那麼總共有幾隻小小兔子？

答案：*1.* 1公斤100公克　*2.* 900公克

3. 700公克　*4.* 120元

5. 383元　*6.* 6種（水果只算一種）

7. 5隻　8. 15隻

單元 136

火車搶匪——蘇珊

回溯美國一八八〇年代中期，鐵路是運輸貨物到鄉間不同地區的主要工具，鐵路最大的問題是有搶匪，有一個搶匪叫做蘇珊，她偽裝成一個銀行的總裁，還有一些婦女也偽裝成銀行的行員。

有一天，在她們秘密隱匿的地方，蘇珊和她的搶匪們計畫去搶復興號，她們的通報者告訴她們，復興號將運送 2,224 公兩的黃金，每兩有 20,000 元的價值，火車同時運送 917 枝來福鎗，每枝來福鎗重 5 公斤，且值 5,600 元，火車上還載有 8,634 公斤的玉米和 7,264 公斤的小麥，玉米每公斤值 20 元，而小麥每公斤值 30 元。

每種物品放在火車不同的車廂上。裝載黃金的車廂用了特殊的暗號，蘇珊發現了暗號，這暗號是每一項數字答案的順序連結〔2×2－（2＋1）；2×2×3 － 7；4×2×2〕。蘇珊和她的一票人努力得到暗號，並且企圖前往要搶的火車所在地點，在路的轉彎處，火車來了，她們小心的查看並且認出裝黃金的車廂，正當她們準備下手時，她們看到警察與行政司法長官，結果就被捕了。

1. 玉米的重量比小麥重多少公斤？
2. 假如她們打算去偷最輕的物品，她們會拿什麼？
3. 黃金的總價值多少？
4. 玉米的總價值多少？
5. 黃金比玉米的價值多多少？
6. 來福鎗的總重量是多少？
7. 在火車上的四種物品總重量是多少？

8. 放置黃金的車廂號碼是什麼？

答案：*1.* 1,370 公斤

2. 黃金

3. 44,480,000 元

4. 172,680 元

5. 44,307,320 元

6. 4,585 公斤

7. 20,705.4 公斤

8. 1；5；16

單元 137

新的動物園

台北市新的動物園正在籌畫中，預計動物園裡會有更多的動物，管理員準備依動物的不同，將他們劃分成不同的區域，以下便是動物園的計畫圖。

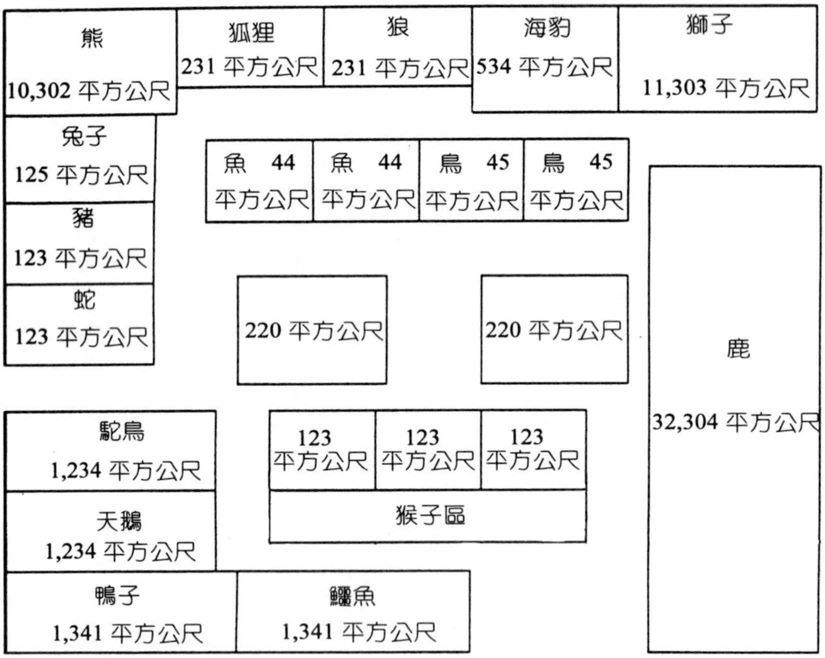

1. 猴子區的總面積有多大？
2. 鹿區比獅子區大多少？
3. 魚區的總面積是多少？
4. 鳥區的總面積是多少？
5. 獅子區比熊區大多少？

6. 熊區、獅子區、鹿區三個區的總面積是多少？

7. 鴨子區和鱷魚區的面積相同。這兩個區域的總面積又是多少呢？

8. 蛇區和豬區的總面積是多少？

9. 沒有被分配到動物的面積，總共有多少？

10. 豬區的面積比兔子區小多少？

11. 動物園共有多少種動物？

答案：*1.* 369 平方公尺　*2.* 21,001 平方公尺

3. 88 平方公尺　*4.* 90 平方公尺

5. 1,001 平方公尺　*6.* 53,909 平方公尺

7. 2,682 平方公尺　*8.* 246 平方公尺

9. 440 平方公尺　*10.* 2 平方公尺

11. 16 種

單元 138

圖形大觀

我們的世界是由各種圖形所構成，各圖形的大小也有不同。以下就展示一些形狀與大小不同的圖形，仔細看看並且回答下列的問題。

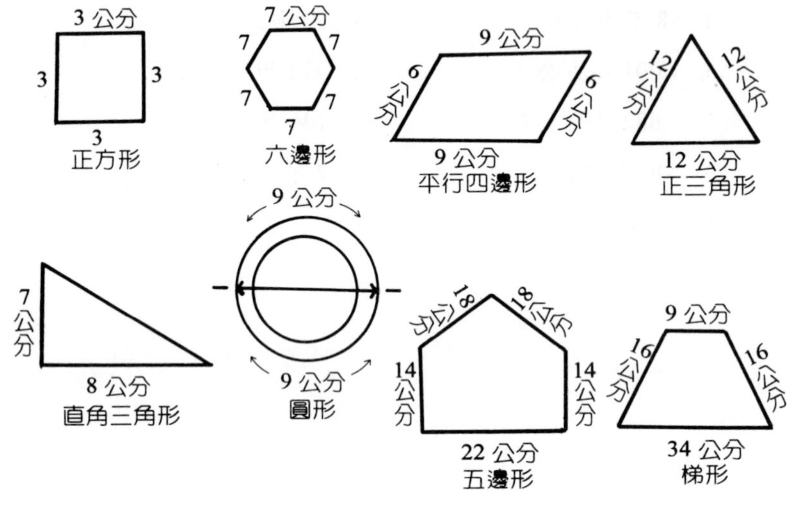

1. 圓的外圍共有多長？
2. 六邊形的外圍有幾公分？
3. 周長是外圍的長度，請問正三角形的周長是多少？
4. 正方形的周長是多少？
5. 梯形的周長是多少？
6. 梯形的周長比六邊形的周長多多少？
7. 五邊形的周長和正三角形的周長共是多少？
8. 平行四邊形的周長是多少？

9. 直角三角形上，夾直角的二個邊長共是多少？

10. 五邊形的周長比正三角形的周長多多少？

11. 平行四邊形的周長比圓形的周長多多少？

答案：*1.* 18 公分　*2.* 42 公分

3. 36 公分　*4.* 12 公分

5. 75 公分　*6.* 33 公分

7. 122 公分　*8.* 30 公分

9. 15 公分　*10.* 50 公分

11. 12 公分

單元 139

綜合小複習

1. 美術社裡擺設了 2 排顏料。每一排有 124 罐顏料，而紅色的顏料有 123 罐，請問美術社裡有幾罐顏料？
2. 畢大師畫了 13 幅人像，梁女士畫了 11 幅風景畫，他們共畫了幾幅畫？
3. 張木匠蓋了 10 棟房子，李設計師設計了 13 棟房子，王承包商蓋了 3 棟房子，請問總共蓋了幾棟房子？
4. 陳飛行員開過 16 架飛機，李飛行員開過 11 架飛機，吳飛行員看過 2 架飛機。請問飛行員們共開過幾架飛機？
5. 新新里登記參加投票的人有 264 人，最後實際投票的人有 141 人，請問有多少人登記了但並沒有參加投票？
6. 119 勤務中心本月共接獲 274 通電話，其中有 152 通屬於誤報，96 通屬於緊急狀態，請問沒有誤報的電話有幾通？
7. 校園內種了 9 排杜鵑花，每排有 101 棵，請問校園內的杜鵑花共有幾棵？
8. 愛美減肥中心有會員 489 人，今年有 215 人報名，而 357 人至少已減輕了 5 公斤，請問有多少會員的體重還沒減輕過 5 公斤？
9. 在男士成衣店裡有 4 排外套，每排有 222 件外套，請問這家男士成衣店有多少外套要賣？
10. 美利桌上有 4 疊邀請卡和 12 疊信封，如果每疊邀請卡有 122 張，請問美利共有多少張邀請卡？

答案：*1.* 248 罐　　*2.* 24 幅

3. 13 棟　　*4.* 27 架

5. 123 人　　*6.* 122 通

7. 909 棵　　*8.* 132 人

9. 888 件　　*10.* 488 張

單元 140

環島旅行

1. 從台北到台中的車票是 210 元，從台中回台北的車票是 204 元；從台北到基隆的車票是 79 元。請問如果從台北到台中，再從台中回台北，共須多少車費？
2. 從台北到東勢的車票是 214 元，從東勢到宜蘭的車票是 319 元，從宜蘭到台北的車票是 79 元。請問如果從台北到東勢，再從東勢經宜蘭後回到台北，共須花多少車費？
3. 一列由台北到台南的自強號火車載了 212 位乘客，另一列莒光號火車則載了 309 位乘客，而普通車則載了 121 位乘客，請問莒光號火車比自強號多載多少乘客？
4. 如果桃園到台中的回數票為 321 元，有 6 位乘客在今天早上購買回數票，請問共賣了多少元的回數票？
5. 如果由台北到桃園的單程車票是 97 元，回數票是 192 元，請問買 7 張單程車票要付多少元？
6. 從高雄到台北的自強號載了 92 位乘客，從宜蘭到台北的普通車載了 77 位乘客，從台中到台北的莒光號載了 66 位乘客，請問這三線到台北的乘客共有多少？
7. 從台北到花蓮，美琪客運的車票賣 300 元一張，全營客運賣 321 元一張，世紀客運則賣 279 元一張，請問世紀客運的票價比全營客運便宜多少元？
8. 從台北到桃園的車程為 45 分，從台北到嘉義的車程為 154 分，請問從台北到嘉義比台北到桃園多花幾分鐘？

9. 全營客運到高雄的班車，今天共開了三個班次，每個班次都有 77 位乘客，請問今天全營客運共載了幾位乘客到高雄？

10. 美琪客運到台中的班車，今天共開了 4 個班次，每個班次都有 93 位乘客，請問今天美琪客運共載了幾位乘客到台中？

11. 美琪客運每年跑 2,732,517 公里，全營客運每年跑 326,322 公里，世紀客運每年跑 1,738,742 公里，請問美琪客運每年跑幾公里？

答案：*1.* 414 元　*2.* 612 元

3. 97 位　*4.* 1,926 元

5. 679 元　*6.* 235 位

7. 42 元　*8.* 109 分

9. 231 位　*10.* 372 位

11. 2,732,517 公里

單元 141

柯小弟旅行記

郵差剛離開，柯媽媽到信箱中取信，這是柯小弟寄回來的一封信。由於柯小弟正在外旅行，這是他寄回家的第一封信。這趟旅行從 7 月 2 日開始，而今天是 7 月 16 日，再過二天柯小弟將到達南投。這趟旅行從台北出發，第一天柯小弟他們先到達台南，大約離台北 300 公里遠，第二天他們到達屏東，屏東離台南大約有 125 公里遠。他們在屏東停留到本月的 9 日，接著開往 115 公里外的台東，再開往花蓮，然後走中橫到台中、南投一帶。

柯小弟的組員共有六位。大新與尚倫負責駕駛，偉倫、瀚中、威廷和柯小弟是乘客。威廷是小組中的總務，負責掌管錢財及花費，他規定每人每天早餐用 20 元，午餐用 50 元，晚餐用 80 元，汽油及過橋費每天大約花 70 元。

媽媽讀完柯小弟的信，就到廚房去準備晚餐了。

1. 請問從台北到屏東大約有幾公里？
2. 請問從台北經屏東到台東大約有幾公里？
3. 請問從台南經屏東到台東大約有幾公里？
4. 全組的人每日的早餐共花掉多少錢？
5. 全組的人每日的午餐共花掉多少錢？
6. 全組的人每日的晚餐共花掉多少錢？
7. 根據柯小弟寄給媽媽的信中，你能正確說出台東到花蓮有多少距離嗎？
8. 每天每人的午餐比早餐多花多少錢？

9. 每天每人的晚餐比午餐多花多少錢？

10. 每天每人的早餐比晚餐少花多少錢？

答案：*1.* 425 公里　　*2.* 540 公里

3. 240 公里　　*4.* 120 元

5. 300 元　　*6.* 480 元

7. 不能　　*8.* 30 元

9. 30 元　　*10.* 60 元

單元 142

粉刷房子

永春和俊林決定把家裡的牆壁粉刷一下。首先，他們必須知道他們所要粉刷的部分有多大，然後才能知道要花多少錢，以及要花多少時間來粉刷。在正式動工之前，他們必須選擇顏色，選擇顏色的工作就交給芷琪。芷琪在決定之前，已看過 25 種顏色，最後她選了黃色。

永春和俊林算了一算，總共需要 6 桶白色水泥漆、4 桶黃色水泥漆，他們也買了 2 罐油漆，來重新塗刷鐵窗。在批發店裡，白色水泥漆賣 795 元，在小陸的店裡則賣 1,175 元，而黃色水泥漆在小陸店裡賣的價錢和批發店一樣。油漆一罐在批發店裡賣 49.5 元，小陸店中則賣 71.5 元。

永春和俊林如果每天工作 6 小時，需要 18 天才能粉刷完畢，如果再請隔壁的寶華來幫忙，只需要 12 天就能粉刷好。俊林和永春每粉刷 1 小時，媽媽就各給他們 30 元零用錢，寶華則可得到俊林和永春媽媽給的每小時 50 元或者每天 300 元的零用錢。

假期到了，每個人已經準備好粉刷所需的用品，他們在批發店裡買了白色水泥漆和油漆，在小陸的店裡買了黃色水泥漆，任何東西都準備好了，但是假期的第一天，天空就開始下雨了。

1. 一桶白色水泥漆在小陸店裡賣的比批發店賣的貴多少？
2. 批發店賣的油漆一罐比小陸店所賣的價錢便宜多少？
3. 黃色水泥漆一桶多少錢？
4. 如果寶華粉刷了 9 天，俊林的媽媽要給他多少零用錢？
5. 如果俊林每天粉刷 6 小時，他每天可得多少的零用錢？
6. 請問他們所買的白色水泥漆和油漆共花多少錢？

7. 寶華粉刷所得的零用錢，每小時比俊林多多少？

8. 放假第一天，發生了什麼事？

9. 多少人參與了這次粉刷房子的行動？

答案：*1.* 380 元　　*2.* 22 元

3. 不知道　　*4.* 2,700 元

5. 180 元　　*6.* 4,869 元

7. 20 元　　8. 下雨了

9. 4 人（永春、俊林、芷琪、寶華）

單元 143

遙控車大展

年份及車別	輪胎（每個）	最高速度（每分鐘）	價格
1972 年屋滋	62.5 元	10 公尺	3,000 元
1968 年別克	61.5 元	12 公尺	900 元
1971 年凱迪拉克	76.5 元	29 公尺	3,999 元
1973 年雪佛蘭	60 元	12 公尺	2,150 元
1963 年皮爾司	61 元	13 公尺	1,349 元
1969 年希姆來		19 公尺	1,973 元

1. 哪一種遙控車製造的年代最早？
2. 雪佛蘭遙控車製造的年代比皮爾司搖控車晚幾年？
3. 凱迪拉克遙控車比別克遙控車每分鐘快多少？
4. 如果皮爾司搖控車以最高速度行駛 3 分鐘，他共開了幾公尺？
5. 雪佛蘭遙控車的 1 個輪胎，比凱迪拉克遙控車的 1 個輪胎便宜多少？
6. 買屋滋遙控車比買凱迪拉克遙控車便宜多少元？
7. 4 個希姆來遙控車的輪胎共要多少元？
8. 4 個屋滋遙控車的輪胎共要多少元？
9. 買希姆來遙控車比別克遙控車貴多少元？
10. 如果以最高速度開雪佛蘭遙控車 4 分鐘，將可行駛多少公尺？
11. 哪一種遙控車的速度最快？
12. 哪一種遙控車最便宜？
13. 最貴的遙控車和最便宜的遙控車相差多少元？

答案：*1.* 皮爾司

2. 10 年

3. 17 公尺

4. 39 公尺

5. 16.5 元

6. 999 元

7. 不知道

8. 250 元

9. 1,073 元

10. 48 公尺

11. 凱迪拉克

12. 別克

13. 3,099 元

單元 144

出席人數

學校教務處星期六公布一週來三年級各班的出席人數，以下就是公布的情形：

班別／人數／星期	一班	二班	三班	四班	五班
星期一	37	42	34	41	33
星期二	36	43	33	44	33
星期三	33	42	38	42	33
星期四	36	39	33	40	33
星期五	38	42	33	41	33

1. 三年一班星期一出席多少人？
2. 三年級前三班星期二共出席多少人？
3. 哪一班的出席人數五天都一樣？
4. 如果每人每次出席就可得一張貼紙，三年五班五天來共可得多少張貼紙？
5. 那麼三年三班這一週總共可得多少張貼紙呢？
6. 星期五那天，三年二班比三年五班多出席多少人？
7. 星期一那天，三年一班比三年四班少多少人？
8. 星期四那天，三年級共出席多少人？
9. 哪一天三年級出席的人數最多？
10. 哪一天三年級出席的人數最少？

11. 三年三班星期五出席多少人？

答案：*1.* 37 人　　*2.* 112 人

3. 5 班　　*4.* 165 張

5. 171 張　　*6.* 9 人

7. 4 人　　*8.* 181 人

9. 星期二　　*10.* 星期四

11. 33 人

單元 145

物價波動

1. 在一九三七年一包白糖賣 47 元，一九三九年賣 37 元，一九四一年則賣 45 元，請問一九四一年比一九三七年便宜多少元？
2. 六、七十年前的物價比現在便宜很多，舉例來說，在一九一三年的豬肉每斤 21 元，現在每斤 80 元，請問在一九一三年買 14 斤的豬肉共須花多少元？
3. 一九一八年一包白米賣 53 元，一九四四年一包白米賣 41 元，請問一九一八年買一包白米比一九四四年貴多少元？
4. 在一九二三年一包鹽賣 2 元，到一九七三年時，一包鹽賣 10 元，請問五十年間，一包鹽漲了多少？
5. 一九二八年香蕉一斤 1 元，一九六一年時香蕉一斤 7 元，到了一九七七年香蕉一斤 20 元，請問一九二八年的一斤香蕉比一九七七年便宜多少？
6. 一九六五年一袋土司賣 5 元，一九六九年賣 6 元，到一九七四年一袋土司 10 元，請問如果在一九六五年買 24 袋土司要付多少元？
7. 一九二三年雞蛋一斤 2 元，一九六六年雞蛋一斤 5 元，到了一九七七年，雞蛋一斤 17 元，請問一九六六年的一斤雞蛋比一九二三年貴多少元？
8. 在一九一三年，買 10 包鹽要 5 元，牛肉一斤 22 元，雞蛋五斤 4 元，腳踏車一輛 105 元，請問如果在一九一三年，買下上述所有的東西需花多少元？

答案：*1.* 2 元　　*2.* 294 元

3. 12 元　　*4.* 8 元

5. 19 元　　*6.* 120 元

7. 3 元　　*8.* 136 元

單元 146

銀行存款

1. 小華在銀行中的存款是 196.52 元，後來他得到 28.34 元的利息，請問現在他有多少存款？
2. 小華又從銀行提出了 12.22 元，到雜貨店花了 9.55 元，請問小華在銀行的存款還剩多少？
3. 一月、二月、三月，小華每月都有利息 1.25 元，請問他的利息總共有多少？
4. 小華從銀行中提出 173.8 元，後來銀行結算存入利息 159.59 元，請問小華的存款實際上只少了多少？
5. 小華得到一筆稿費，他決定平均分成三份，一份存起來，一份給爸爸，一份做為零用金，結果零用金為 12.26 元，請問小華的稿費是多少？
6. 小華存款簿上，現在的結餘是 219.38 元，比小華記得的結餘少 6.97 元，請問小華記得的結餘是多少？
7. 帳薄上的紀錄寫著小華 81 年 12 月 31 日的存款是 219.38 元，除了存款數字之外，還有利息的紀錄分別是 81 年 12 月 23 日 7.35 元，82 年 6 月 23 日 3.68 元，82 年 12 月 23 日 1.71 元，83 年 6 月 23 日 7.86 元，請問利息的紀錄有幾筆？
8. 再看看第 7 題，請問小華共得多少利息？
9. 小華在 81 年的存款，如果沒有得到利息收入，紀錄應該是多少元？

答案：*1.* 224.86 元　　*2.* 212.64 元

3. 3.75 元　　*4.* 14.21 元

5. 36.78 元　　*6.* 226.35 元

7. 4 筆　　*8.* 20.6 元

9. 212.03 元

單元 147

修築馬路

淺坑市的街道實在需要修理一番。為了做好修理的工作，市長很慎重地開始計畫，首先他必須知道每一條街有多少房子，以及每一條街道有多長。

東區的助理工作，由邱小姐負責並提出調查報告。在她的報告中指出：在東區可分為 4 段，12 條街。第一段有 3 條街，每一條街的長度都是 1,232 公尺，在南邊和北邊都各有 32 間房子。第二段也有 3 條街，每一條街都長 1,322 公尺，這些街在北邊各有 31 戶人家，南邊各有 23 戶人家。第三段同樣是 3 條街，每一條的長度都是 1,111 公尺，在北邊各有 30 戶人家，南邊各有 31 戶人家。第四段的每 1 條街都長 1,232 公尺，在南邊有 47 間房子，北邊有 59 間房子。

另一位助理劉先生提出另外 3 條街的報告：大同街有 967 公尺長，南邊有 31 間房子，北邊有 42 間房子；明安街有 843 公尺長，北邊有 29 間房子，南邊有 20 間房子；同安街有 723 公尺長，南邊有 32 間房子，北邊有 31 間房子。

市長看了報告後說：「邱小姐、劉先生，我很滿意你們的報告，你們願意再回答以下的問題嗎？」

1. 如果每公尺的修理費是 3 元，那麼在東區第一段的花費要多少？
2. 如果每公尺的修理費是 2 元，那麼在東區第二段的花費要多少？
3. 在東區第三段的人家有幾戶？
4. 在東區第四段南邊的人家，比在第三段南邊的人家多幾戶？
5. 在東區第二段北邊各戶人家的大門都是由同一家公司承造的，如果每個造價是 11,112 元，請問第二段北邊各家的大門，總造價是多少？

6. 大同街每戶人家的清潔費是 22 元，請問北邊人家總共花費多少錢？南邊人家總共花費多少？
7. 明安街比大同街短幾公尺？
8. 明安街比同安街長幾公尺？
9. 大同街的房子總共有幾間？
10. 同安街的房子總共有幾間？
11. 在東區的各段中，哪一段的街長最長？
12. 東區第四段北邊的房子比南邊的房子多幾間？

答案：*1.* 11,088 元　　*2.* 7,932 元

3. 183 户　　*4.* 48 户

5. 1,033,416 元　　*6.* 924 元，682 元

7. 124 公尺　　*8.* 120 公尺

9. 73 間　　*10.* 63 間

11. 第二段　　*12.* 36 間

單元 148

家庭手工

安萍近年來從事家庭手工，她的工作是在細棒上鑽洞，這個洞很小，要用放大鏡才能看得到。安萍用珠寶商用的鑽子來鑽孔，每支鑽子在損壞之前可以鑽 300 支細棒。細棒是一捆捆的，每捆重 10 公斤，500 支細棒重 1 公斤。安萍每小時鑽 50 支細棒，她每鑽一個洞可得 2 元。安萍很喜歡她的工作，她已經做了 8 年，她希望再做 7 年。

1. 每捆的細棒有幾支？
2. 安萍用壞了 6 支鑽子，請問她鑽了幾支細棒？
3. 安萍每小時賺多少錢？
4. 如果安萍每天工作 7 小時，那麼她一天賺多少錢？
5. 如果安萍每天工作 7 小時，那麼她一天鑽多少洞？
6. 她一天 7 小時的工作中，能夠將 1 公斤的細棒全部鑽完嗎？她還需要再多鑽多少洞？
7. 加上安萍希望未來工作的時間，她一共要從事家庭加工幾年？
8. 如果安萍每天工作 5 小時，她每星期會賺多少錢？

答案：*1.* 5,000 支　*2.* 1,800 支

3. 100 元　*4.* 700 元

5. 350 個　*6.* 不能，150 個

7. 15 年　*8.* 3,500 元

單元 149

糖果店

棒棒糖（一根）	4 元
拐杖糖（一根）	3 元
巧克力棒（一根）	10 元
水果糖（一顆）	2 元

1. 1 顆水果糖多少元？
2. 1 根拐杖糖多少元？
3. 1 根巧克力棒和 1 根棒棒糖相比，哪一個比較貴？
4. 1 根拐杖糖和 1 根棒棒糖相比，哪一個比較便宜？
5. 1 根棒棒糖和 1 根拐杖糖共要多少元？
6. 2 根巧克力棒共要多少元？
7. 1 根拐杖糖比 1 顆水果糖貴多少元？
8. 1 根棒棒糖比 1 根拐杖糖貴多少元？
9. 如果你付 10 元買巧克力棒 1 根，會找回多少元？
10. 如果你付 10 元買拐杖棒和棒棒糖，會找回多少元？
11. 如果你付 50 元買一顆水果糖和一根巧克力棒，會找回多少元？
12. 如果你付 50 元買一根拐杖糖和一根棒棒糖，會找回多少元？
13. 如果你有 10 元，你會買什麼？
14. 如果你有 50 元，你會買什麼？
15. 5 顆水果糖是多少元？
16. 3 根棒棒糖是多少元？

答案：*1.* 2 元　　*2.* 3 元

3. 巧克力棒　　*4.* 拐杖糖

5. 7 元　　*6.* 20 元

7. 1 元　　*8.* 1 元

9. 0 元　　*10.* 3 元

11. 38 元　　*12.* 43 元

13. 答案隨學生組織，正確即可　　*14.* 同上題

15. 10 元　　*16.* 12 元

單元 150

熱量大競賽

根據下表，回答下列問題：

水　　果	熱量（卡路里）
大蘋果 1 個	117
蘋果汁 1 杯	126
蘋果醬半杯	50
棗子 3 個	60
中型梨半個	275
中型香蕉 1 根	130

1. 大蘋果 1 個的熱量有多少？
2. 3 個新鮮完整的棗子，共有多少卡路里？
3. 1 根中型香蕉的熱量有多少？
4. 1 杯蘋果汁有多少卡路里？
5. 1 杯蘋果汁和半杯蘋果醬，共有多少卡路里？
6. 半個中型的梨和 3 個新鮮的棗子，共有多少卡路里？
7. 迪威吃了 1 個大蘋果，曉雯喝了 1 杯蘋果汁，曉雯所吃的熱量比迪威多多少？
8. 辛娣吃了 1 根中型的香蕉，偉傑吃了 3 個棗子，辛娣所吃的熱量比偉傑多多少？
9. 立培想再吃一些點心，他希望熱量不超過 150 卡路里，但是他已經吃了 1 個大蘋果了，請問他還能吃多少卡路里的點心？
10. 希美正在節食，因此希望只吃含 55 卡路里的食物，但是她已經吃了三個棗子，請問她多吃了多少卡路里？

11. 如果你希望吃大約 125 卡路里的食物，請問你要選擇表中的哪樣食物？

12. 如果你希望吃大約 300 卡路里的食物，請問你要選擇表中的哪樣食物？

答案：*1.* 117 卡　*2.* 60 卡

3. 130 卡　*4.* 126 卡

5. 176 卡　*6.* 335 卡

7. 9 卡　*8.* 70 卡

9. 33 卡　*10.* 5 卡

11. 蘋果汁 1 杯　*12.* 中型梨半個

單元 151

工作和薪資

1. 民國七十年時，一位水泥工每天的工資是 500 元；民國八十年時，每天的工資是 1,200 元。請問民國七十年水泥工每天的薪資比八十年少多少元？
2. 民國七十四年時，一位卡車司機每天的收入是 450 元，司機助理是 300 元；民國八十年時，卡車司機每天收入 600 元；民國八十三年，卡車司機的收入則為 780 元。請問民國八十三年時卡車司機每天的收入比民國八十年多多少元？
3. 一位工人自民國七十年至民國八十年的十年間，每天工資增加了 800 元。而民國八十年時，他每天的工資是 1,530 元。請問民國七十年時，他每天的工資是多少元？
4. 民國七十年時，一位計程車司機每小時可賺 145 元，如果一星期工作 33 小時，一星期可收入多少元？
5. 一位木匠助理在民國七十年每天可賺 450 元，一位木匠則可賺 583 元；民國八十年時，木匠每天可賺 840 元。請問在民國七十年時，一位木匠助理每天的收入比木匠少多少元？
6. 民國八十年時，木匠助理每天賺 630 元，卡車司機助理每天賺 560 元。如果要使卡車司機助理的收入與木匠助理一樣多，那麼還要增加多少元？
7. 民國七十年時，貨車司機每小時賺 250 元，如果一位司機每個月工作 122 小時，請問他每個月的收入是多少元？
8. 小強在印製書籍、雜誌的工廠工作，每小時賺 115 元，小華在印製報紙的工廠工作，每小時賺 120 元。如果他們每星期都工作 44 小時，請問誰賺的錢比較多？

9. 民國七十年時，一位油漆工每天賺 850 元，油漆工助理每天賺 520 元，請問兩人每天合起來的收入是多少元？

答案：

1. 700 元
2. 180 元
3. 730 元
4. 4,785 元
5. 133 元
6. 70 元
7. 30,500 元
8. 小華
9. 1,370 元

單元 152

不同區域的收入

1. 民國八十年時，台北市每人每月的平均收入是 31,980 元，高雄市每人每月的平均收入是 29,360 元，台南市每人每月的平均收入是 27,342 元。請問民國八十年時，台北市每人每月的平均收入比台南市的平均收入多出多少元？
2. 民國八十年時，台中市每人每月的平均收入是 28,930 元，如果有一個 327 人的社區，請問這社區的總收入是多少元？
3. 如果台灣每人每月的平均收入是 25,345 元，請問在一個有 321 人的小村中，所有人的總收入是多少？
4. 如果台北縣每人每月的平均收入是 29,486 元，桃園縣為 28,362 元，嘉義縣為 26,978 元，請問桃園縣的平均收入比嘉義縣多多少元？
5. 蘭嶼是台灣東部的島嶼，島上每人每月的平均收入是 10,843 元，澎湖是台灣西部的島嶼，島上每人每月平均收入是 21,306 元，請問哪一個地方的平均收入較多？
6. 如果有一個五口家庭，五個人都在工作，請問他們的總收入是多少？
7. 民國八十年時，彰化縣的平均收入是 23,679 元，台南縣的平均收入是 22,498 元，屏東縣的平均收入是 20,732 元，如果要使屏東縣的平均收入和彰化縣一樣，那麼每人平均還要增加多少收入？
8. 台東縣的平均收入為 14,679 元，台中市的平均收入為 22,486 元，請問台東縣的平均收入比台中市少多少元？

答案：*1.* 4,638 元　　*2.* 9,460,110 元

3. 8,135,745 元　　*4.* 1,384 元

5. 澎湖　　*6.* 條件不足，無法回答

7. 2,947 元　　8. 7,807 元

單元 153

水果樹

王先生和王太太想要在庭院裡種些水果樹，他們到當地的園藝店買了 3 棵梨子樹苗、2 棵蘋果樹苗、3 棵桃子樹苗。梨子樹苗每棵價值 332 元，蘋果樹苗每棵價值 434 元，桃子樹苗每棵價值 300 元。

王先生知道，要讓這些樹苗慢慢長大，等到結果實可以摘食還要過幾年，但是他們依然滿心興奮地栽種這些樹苗，如同他們現在所種植的蔬菜一樣，他們也想要吃自己種的水果。

樹苗買回家了，他們開始挖洞準備種植樹苗。每個洞中放入泥炭、肥料、土壤和一棵樹苗。植完樹苗之後，王先生和王太太進屋裡泡了一壺茶，洗了個澡，在他們進屋時，王太太看她的錶是下午 4:30，並告訴王先生：「我們已經在外面 3 小時了。」王先生說道：「喔！我很疲倦了。」王太太說：「事情做得很順利，我想花這麼多時間是值得的。」

1. 王先生、王太太幾點開始在庭院裡工作？
2. 3 棵梨子樹苗共花費多少元？
3. 2 棵蘋果樹苗共花費多少元？
4. 3 棵桃子樹苗共花費多少元？
5. 1 棵蘋果樹苗比 1 棵梨子樹苗貴多少元？
6. 1 棵梨子樹苗比 1 棵桃樹苗貴多少元？
7. 要種這些水果樹，王氏夫妻要挖多少個洞？
8. 挖好洞後，為了種植樹苗，每個洞中要放入多少種不同的東西？

答案：*1.* 1：30　　*2.* 996 元
3. 868 元　　*4.* 900 元
5. 102 元　　*6.* 32 元
7. 8 個　　*8.* 3 種

單元 154

送報的女孩

阿美上學前在住家附近送早報，她固定負責 190 位顧客，每位顧客均訂有早報及週日報。每位顧客每星期須付早報和週日報共 80 元，阿美則要付給報社每份早報 6 元、週日報 7 元。

1. 阿美第一個星期從顧客那裡收了多少錢？
2. 阿美每週給報社多少元？
3. 以商業用語來說，第一個問題所指的為收入，第二個問題所指的為支出，二者間的差距若是正的即是「賺」，若是負的即是「賠」。請問小美第一個星期是「賺」，還是「賠」？
4. 如果每週所賺的錢是一樣的，請問阿美做了八星期之後，共賺了多少元？
5. 阿美騎腳踏車送報，工作八週後，她換了新的腳踏車，花費 1,200 元；另外買了一個車籃，花費 500 元。請問阿美為了送報花費多少元？
6. 如果第五題的花費由收入中支出，請問阿美工作八週後賺多少錢？
7. 阿美星期一至星期六每天花了 2 小時 45 分鐘送早報，送報前又花了 30 分鐘整理報紙，星期日阿美也花了 2 小時 45 分鐘送週日報，並另外花了 45 分鐘整理報紙。請問阿美除了星期日外，每天花多少分鐘送早報、整理報紙？那麼阿美每星期共花多少時間送報、整理報紙？

答案：*1.* 15,200 元　　*2.* 8,170 元

3. 賺　　*4.* 56,240 元

5. 1,700 元　　*6.* 54,540 元

7. 195 分鐘（3 小時 15 分），23 小時

單元 155

運動設備

棒　　球	230 元
橄 欖 球	520 元
籃　　球	430 元
高爾夫球	80 元

1. 一個橄欖球要多少元？
2. 一個棒球要多少元？
3. 籃球還是橄欖球較貴？
4. 棒球還是高爾夫球較便宜？
5. 一個橄欖球和一個棒球共多少元？
6. 一個棒球和一個高爾夫球共多少元？
7. 一個橄欖球比一個棒球貴多少元？
8. 一個高爾夫球比一個棒球便宜多少元？
9. 如果你買一個籃球，給 500 元可找回多少元？
10. 如果你買一個高爾夫球，給 100 元可找回多少元？
11. 如果你買一個籃球和一個高爾夫球，給 600 元可找回多少元？
12. 如果你買一個籃球和一個棒球，給 1000 元可找回多少元？
13. 如果你有 800 元，可以買哪些球？
14. 如果你有 1800 元，可以買哪些球？
15. 買 6 個高爾夫球要多少元？
16. 買 3 個棒球要多少元？

答案：*1.* 520 元　*2.* 230 元

3. 橄欖球　*4.* 高爾夫球

5. 750 元　*6.* 310 元

7. 290 元　*8.* 150 元

9. 70 元　*10.* 20 元

11. 90 元　*12.* 340 元

13. 棒球和橄欖球（答案有多種組合）

14. 每一種球都可買

15. 480 元

16. 690 元

單元 156

鋪地板

假如你被他人雇用要在下圖的房子中鋪上地毯和磁磚，其中餐廳、廚房、浴室和陽台要鋪上磁磚，而臥室和客廳要鋪上地毯。

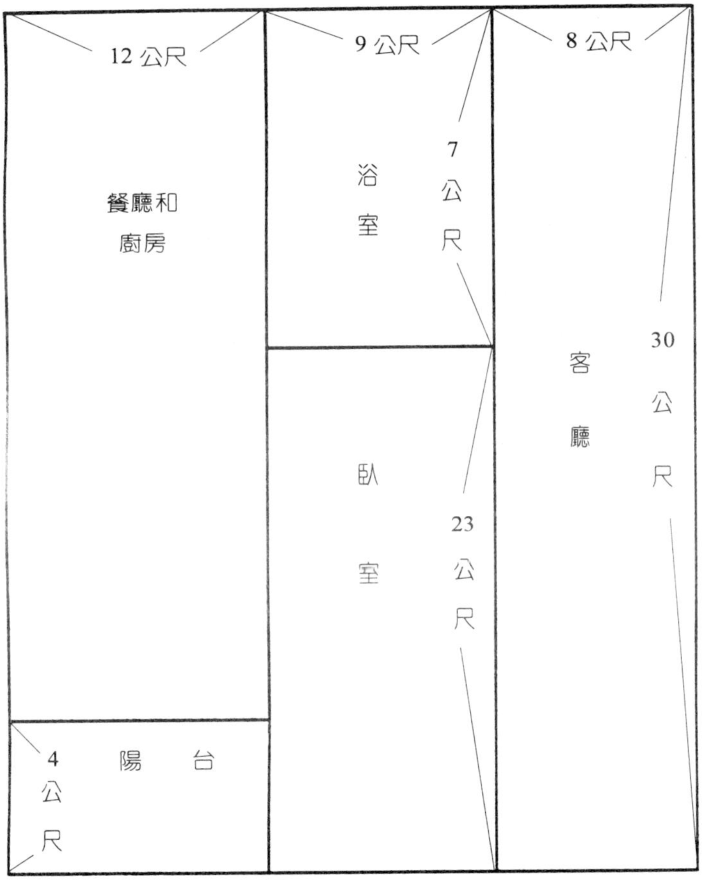

1. 整個房子中連接餐廳和廚房、浴室、客廳的那一面牆壁的長度共是多少公尺？
2. 客廳的地毯要舖多少平方公尺？
3. 陽台的磁磚要舖多少平方公尺？
4. 臥室的地毯要舖多少平方公尺？
5. 如果一平方公尺的地毯要 77 元，那麼客廳的地毯要花費多少元？
6. 整個房子的面積是多少平方公尺？
7. 浴室的磁磚要舖多少平方公尺？
8. 如果一平方公尺的磁磚要 67 元，那麼舖浴室的地板要花費多少元？
9. 一平方公尺的地毯和一平方公尺的磁磚何者較貴？貴多少元？

答案：*1.* 29 公尺　*2.* 240 平方公尺
3. 48 平方公尺　*4.* 207 平方公尺
5. 18,480 元　*6.* 870 平方公尺
7. 63 平方公尺　*8.* 4,221 元
9. 地毯，10 元

單元 157

圖書館

1. 學校中有$\frac{1}{7}$的學生在上課前使用圖書館，另有$\frac{3}{7}$的學生在午餐時間去圖書館。請問在上課前和午餐時間使用圖書館的學生共有幾分之幾？
2. 圖書館裡$\frac{2}{6}$的新書是有關於陸上動物，$\frac{1}{6}$的新書是愛情小說，另有$\frac{2}{6}$的新書是有關海上動物。請問有關動物的書籍共佔多少？
3. 星期一時圖書館的書有$\frac{1}{9}$被借出，星期二有$\frac{2}{9}$的書被借出，星期三也有$\frac{2}{9}$的書被借出。請問星期二和星期三共有多少書被借出？
4. 圖書館舉辦書展，學生買了其中$\frac{3}{15}$的書，老師買了其中$\frac{6}{15}$的書，且學生反應書展中$\frac{10}{15}$的書很受歡迎。請問書展共賣了多少書？
5. 小玲在去年讀了圖書館中$\frac{2}{10}$的書，並喜歡其中$\frac{1}{10}$的書，今年她讀了圖書館裡$\frac{3}{10}$的書，並喜歡其中$\frac{2}{10}$的書。請問這兩年小玲共讀了圖書館中多少的書？
6. 如果圖書館中$\frac{3}{12}$的書是愛情小說，而動物故事的書又比愛情小說多$\frac{2}{12}$，請問動物故事的書有多少？
7. 放暑假前所有的書都要還回圖書館。五月時，有$\frac{2}{11}$的書要歸還，六月有$\frac{6}{11}$的書要歸還，但是歸還的書中有$\frac{3}{11}$受損了。請問五、六月中共有多少書歸還？
8. 圖書館的雜誌有$\frac{3}{8}$是適合青少年閱讀，小美每個月看圖書館中$\frac{2}{8}$的雜誌，而所有雜誌中有$\frac{2}{5}$是她喜歡的，小玲則喜歡其中$\frac{1}{5}$的雜誌，請問小美、小玲喜歡的雜誌共佔多少？

9. 王先生已經讀了圖書館裡$\frac{2}{7}$的書，王太太則比王先生多讀了$\frac{3}{7}$的書，也比李先生多讀了$\frac{1}{7}$的書，請問王太太已經讀了多少書？

10. 圖書館的書都是由學校買進，其中的$\frac{12}{19}$是於一九七三年買的，另外$\frac{3}{19}$的書是在一九七四年買入，而一九七二年則買入$\frac{4}{19}$。請問一九七二年和一九七三年共買入多少書？

答案：

1. $\frac{4}{7}$　　*2.* $\frac{2}{3}$

3. $\frac{4}{9}$　　*4.* $\frac{3}{5}$

5. $\frac{1}{2}$　　*6.* $\frac{5}{12}$

7. $\frac{8}{11}$　　*8.* $\frac{3}{5}$

9. $\frac{5}{7}$　　*10.* $\frac{16}{19}$

單元 158

身高和體重

1. 小強現在重 $73\frac{3}{4}$公斤，六個月前他比現在輕 $4\frac{1}{4}$公斤，請問六個月前他多重？
2. 小強現在是 $155\frac{3}{16}$公分，比六個月前的他高$\frac{7}{16}$公分，請問六個月前他有多高？
3. 小美去年長高$\frac{5}{8}$公分，前年長高$\frac{7}{8}$公分，而小美前年初是 $155\frac{3}{8}$公分，請問前年底小美的身高是幾公分？
4. 小華去年增加 $4\frac{1}{2}$公斤，而去年底的體重是 $81\frac{1}{2}$公斤，請問去年初的體重是多少公斤？
5. 小明九歲時高 $151\frac{1}{8}$公分，重 $69\frac{5}{16}$公斤，而現在重 $72\frac{5}{16}$公斤，請問他增加了幾公斤？
6. 阿輝想知道他的衣服有多重。當他全身裸體時重 $61\frac{3}{4}$公斤，穿上夾克時重 $62\frac{3}{4}$公斤，然後他脫下夾克穿上長統靴，結果重 $63\frac{1}{4}$公斤，請問長統靴重多少公斤？
7. 小方四歲時高 $93\frac{1}{2}$公分，八歲時比四歲時長高了 $16\frac{1}{2}$公分，十歲時比四歲時長高了 $22\frac{1}{2}$公分，請問小方十歲時是幾公分？
8. 體重對每個人來說都很重要，有些拳擊選手很關心自己的體重，不希望自己在比賽時體重過重。小文在拳擊賽前是 $147\frac{1}{4}$公斤，但是他希望在拳擊賽時只重 $146\frac{3}{4}$公斤，請問小文還要減少多少公斤？

9. 阿雄的爸爸想減肥，第一個星期他減了 $3\frac{1}{4}$公斤，第二個星期他減了 $4\frac{3}{4}$公斤，第三個星期他減了 $3\frac{1}{4}$公斤，請問阿雄的爸爸共減了多少公斤？

10. 阿福的爸爸也想減肥，他第一個星期減了 $1\frac{1}{8}$公斤，第二個星期減了 $3\frac{3}{8}$公斤，第三個星期減了 $2\frac{5}{8}$公斤，請問他第二個星期比第三個星期多減了幾公斤？

答案：

1. $69\frac{1}{2}$公斤
2. $154\frac{3}{4}$公分
3. $156\frac{1}{4}$公分
4. 77 公斤
5. 3 公斤
6. $1\frac{1}{2}$公斤
7. 116 公分
8. $\frac{1}{2}$公斤
9. $11\frac{1}{4}$公斤
10. $\frac{3}{4}$公斤

單元 159

做衣服

小美的媽媽準備在這個夏天為孩子們做衣服，以便在九月開學時可以穿。小美的爸爸曾在成衣工廠上班，他會幫忙量尺寸，也能幫忙縫製衣服，能多一個人幫忙縫製衣服，對有六個小孩的家庭來說是件很好的事。

媽媽買了 $2\frac{1}{8}$ 碼的條紋布為小美做襯衫，又買了 $2\frac{1}{4}$碼的棉布做另一件襯衫。另外買了合成布料做工作服，而一件工作服需 $1\frac{1}{4}$碼的合成布料，小美需要兩件，一件藍色，一件紅色。

小強則要一件條紋的工作服，媽媽就又多買 $1\frac{3}{8}$碼做小美條紋襯衫的布料，以便做小強的工作服。另外，小強還要一件夾克，爸爸為他量尺寸，需要 $2\frac{5}{8}$碼的毛布料做夾克。

接下來是小比，他需要兩件工作服，以棉布料製作，而一件工作服需 $1\frac{5}{8}$碼的棉布。小比也要一件新夾克，爸媽又買了 $2\frac{7}{8}$碼的布為小比做夾克。

1. 小美的爸媽已經為他們的 3 個小孩做好裁製計畫，請問他們還要為幾位小孩的服裝做準備？
2. 小比的夾克布料比小強的布料多幾碼？
3. 小美的襯衫和小強的工作服共要多少條紋布料？
4. 小比的兩件工作服需多少布料？
5. 小美的工作服需多少布料？

6. 小美的媽媽要為小美的爸爸做一件夾克，但是她需比小強的夾克又多 $1\frac{1}{8}$碼的布料，請問小美爸爸的夾克需多少布料？

7. 小美的爸爸要為小美的媽媽做一件襯衫，他需要比小美棉布襯衫多$\frac{3}{4}$碼的棉布布料，請問他需多少布料才可做這件襯衫？

8. 小強的夾克布料是從一匹大布中裁下，這匹布有 $9\frac{7}{8}$碼，請問裁下小強的夾克尺寸之後，還剩下多少碼的布料？

答案：*1.* 3 位　　*2.* $\frac{1}{4}$碼

3. $3\frac{1}{2}$碼　　*4.* $3\frac{1}{4}$碼

5. $2\frac{1}{2}$碼　　*6.* $3\frac{3}{4}$碼

7. 3 碼　　*8.* $7\frac{1}{4}$碼

單元 160

豪雨特報

氣象播報員發出豪雨特報的消息，這星期已經下了三天半的雨，而上星期下了二天半的雨，小華的住家地區已經下了 $32\frac{3}{16}$公釐的雨，小方的住家地區也下了比平時多 $28\frac{5}{8}$公釐的雨。歷年來，一天內最高的雨量是民國六十四年發生的，為 $11\frac{3}{8}$公釐，而小華住家的最高紀錄是 $28\frac{5}{16}$公釐，小方的住家最高紀錄是 $31\frac{7}{16}$公釐。媽媽說：「我曾看過比這樣還更嚴重的豪雨，在我小時候，雨量曾高達 $34\frac{5}{16}$公釐。」爸爸說：「我曾遇過的最高紀錄是 $31\frac{7}{16}$公釐。」

豪雨特報已經發出了，各戶人家都有萬全的準備，但是雨勢很快停了，太陽出來了。小華住家地區的雨量下降了 $5\frac{5}{16}$公釐，小方住家地區的雨量則下降了 $9\frac{3}{8}$公釐，大家都希望不再有豪雨出現。

1. 這兩個星期共下了幾天的雨？
2. 小華住家在豪雨未來前雨量約為 $26\frac{9}{16}$公釐，豪雨之後雨量升為多少公釐？
3. 小方家在豪雨過後雨量為 $41\frac{3}{8}$公釐，比平時多了 $28\frac{5}{8}$公釐，請問平時的雨量為多少？
4. 小華家在這次豪雨中的雨量比最高紀錄多了多少公釐？
5. 有一天，下了 $2\frac{7}{8}$公釐的雨，這紀錄比以往的最高紀錄少多少公釐？

6. 媽媽比爸爸曾遇過的雨量最高紀錄多出多少公釐？

7. 小華家在豪雨過後，一天之中雨量下降了多少公釐？

8. 小方家在豪雨過後，一天之中雨量下降了多少公釐？

答案：*1.* 6 天

2. $58\frac{3}{4}$公釐

3. $12\frac{3}{4}$公釐

4. $3\frac{7}{8}$公釐

5. $8\frac{1}{2}$公釐

6. $2\frac{7}{8}$公釐

7. $5\frac{5}{16}$公釐

8. $9\frac{3}{8}$公釐

單元 161

平衡和重量

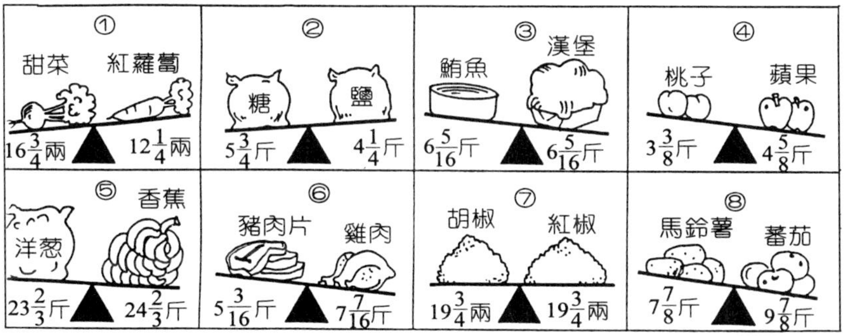

1. 上列圖中哪張圖的兩樣東西是一樣重的？
2. 上列圖中最重的東西是多少斤？
3. 圖④中的蘋果比桃子重多少斤？
4. 如果要使鮪魚與漢堡重量相等，那麼鮪魚還要再加入多少重量？
5. 馬鈴薯比蘋果重了多少？
6. 如果你再加入 3 斤的紅蘿蔔，那麼它會和甜菜平衡嗎？
7. 想要使蘋果和桃子平衡，還要再加入多重的桃子？
8. 香蕉比洋蔥重多少斤？
9. 如果加入 $12\frac{1}{8}$斤的蕃茄，那麼蕃茄會比洋蔥重嗎？
10. 雞肉比鮪魚重了多少？
11. 圖①中的東西共重多少兩？
12. 圖⑥中的東西共重多少斤？
13. 圖②中的東西共重多少斤？

答案：1. 圖⑦

2. $24\frac{2}{3}$斤

3. $1\frac{1}{4}$斤

4. $1\frac{1}{8}$斤

5. $3\frac{1}{4}$斤

6. 不會

7. $1\frac{1}{4}$斤

8. 1 斤

9. 不會

10. $1\frac{1}{8}$斤

11. 29 兩

12. $12\frac{5}{8}$斤

13. 10 斤

單元 162

周長——圓形周圍的長度

（單位：公寸）

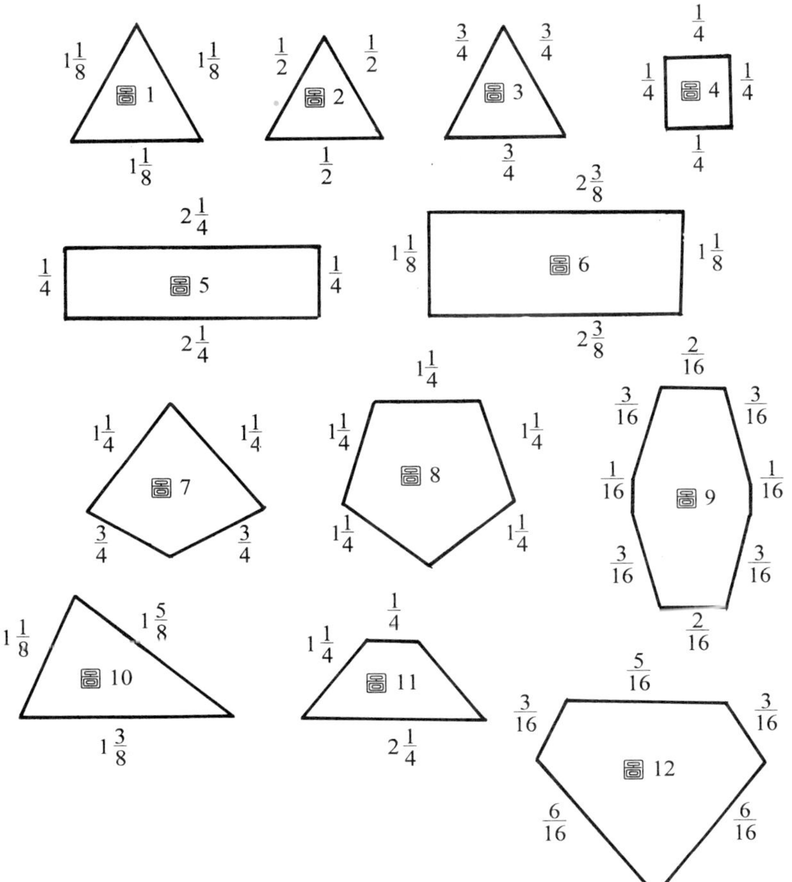

1. 圖 1 的周長是多少公寸？
2. 圖 2 的周長是多少公寸？

3. 圖 4 的周長是多少公寸？

4. 圖 5 的周長是多少公寸？

5. 圖 9 的周長是多少公寸？

6. 圖 12 的周長是多少公寸？

7. 圖 12 的周長比圖 9 的周長多幾公寸？

8. 圖 10 的周長是多少公寸？

9. 圖 1 的周長還要加上多少公寸才能和圖 10 的周長一樣？

10. 圖 8 的周長比圖 11 的周長較長或是較短？

11. 圖 5 和圖 8 的周長相差多少？

答案：

1. $3\frac{3}{8}$公寸　　*2.* $1\frac{1}{2}$ 公寸

3. 1 公寸　　*4.* 5 公寸

5. $1\frac{1}{8}$公寸　　*6.* $1\frac{7}{16}$公寸

7. $\frac{5}{16}$公寸　　*8.* $4\frac{1}{8}$ 公寸

9. $\frac{3}{4}$ 公寸　　*10.* 較長

11. $1\frac{1}{4}$公寸

單元 163

壘球擲遠

1. 小美參加女子壘球擲遠比賽，第一次她擲了 $34\frac{3}{4}$公尺，第二次擲了 $31\frac{1}{4}$公尺，請問第二次比第一次少擲多少公尺？
2. 小玲第一次擲了 $35\frac{1}{8}$公尺，第二次擲了 $36\frac{5}{8}$公尺，第三次比第二次多擲了$\frac{3}{8}$公尺，請問小玲第三次擲了多遠？
3. 小強想要在女孩子面前炫耀，他和女孩們一起準備好要擲遠，第一次他擲了 $47\frac{5}{16}$公尺，小玲要他再試一次，當小強準備好要擲時，小玲對他大喊一聲，使他只擲了 $25\frac{1}{16}$公尺，所有女孩都笑了。請問小強第一次比第二次多擲多少公尺？
4. 小華是小強的弟弟，他也要練習壘球擲遠，他第一次擲了 $21\frac{1}{8}$公尺，第二次擲了 $22\frac{2}{8}$公尺，第三次擲了 $20\frac{3}{8}$公尺，請問他三次所擲的距離共是多少？
5. 小偉是學校中最優秀的壘球擲遠選手，他的最佳紀錄是 $64\frac{3}{8}$公尺，小杜是學校中次優的壘球擲遠選手，他的最佳紀錄是 $61\frac{2}{8}$公尺，而小明是排行第三的壘球擲遠選手，他的最佳紀錄是 $60\frac{1}{8}$公尺，請問小偉比小明的紀錄多幾公尺？
6. 小胖現在比他以前的最佳紀錄多擲了 $1\frac{3}{8}$公尺，而他現在可擲 $59\frac{5}{8}$公尺，請問他原來的最佳紀錄是多少？

7. 小方練習壘球擲遠，第一次練習擲了 $39\frac{5}{16}$公尺，第二次退步了 $4\frac{3}{16}$公尺，請問小方第二次擲了多遠？

8. 小偉試著不要起跑擲壘，結果只擲了 $41\frac{1}{8}$公尺，請問與他原來的最佳紀錄相差多少公尺？

9. 小秀建議玩背物擲壘，每個人都背五公斤重的東西擲壘，結果小秀擲了 $22\frac{3}{4}$公尺，小美擲了 $19\frac{3}{8}$公尺，小彬擲了 $21\frac{1}{4}$公尺，請問小秀比小彬多擲了多少公尺？

答案：*1.* $3\frac{1}{2}$公尺　*2.* 37 公尺

3. $22\frac{1}{4}$公尺　*4.* $63\frac{3}{4}$公尺

5. $4\frac{1}{4}$公尺　*6.* $58\frac{1}{4}$公尺

7. $35\frac{1}{8}$公尺　*8.* $23\frac{1}{4}$公尺

9. $1\frac{1}{2}$公尺

單元 164

小方的一天

1. 小方早上為了要準時 8：30 上班，他必須在 1 小時又 15 分鐘前離家出發。請問他離家時幾點幾分？
2. 小方上班中有一段休息時間，從早上 10：15 開始休息 15 分鐘。請問休息到幾點幾分結束？
3. 每天下午 3 點，小方和他的朋友會休息片刻，去喝杯飲料或吃冰淇淋。小方下午 5：15 下班去搭車，約需 1 小時 15 分到家。請問小方幾點到家？
4. 小方每晚看電視 2 個半小時，如果晚上 9：30 他看完電視，請問他是幾點開始看的？
5. 中午 12：00 開始午餐，這是早上休息時間結束後的一個半小時。請問早上休息時間幾點結束？
6. 下午 3 點開始休息片刻，半小時後結束，請問幾點結束休息時間？
7. 早上小方花了 $1\frac{3}{4}$小時做襯衫，下午也花了 $2\frac{3}{4}$小時做襯衫；另外他還花了 $1\frac{1}{2}$小時做褲子。請問他共花了多少時間做襯衫？
8. 每星期一、二、三小方各花了 $1\frac{3}{4}$小時的時間做衣領，每星期四、五做袖子。小方每星期花多少時間做衣領？
9. 小方每天早上休息$\frac{1}{4}$小時，請問從星期一到星期四小方共休息幾小時？
10. 小方每星期花 $12\frac{1}{2}$小時看電視，這個星期有一天他花 $2\frac{1}{2}$小時玩球，而沒看電視。請問這個星期他花了多少時間看電視？

答案：*1.* 上午 7：15　　*2.* 上午 10：30

3. 下午 6：30　　*4.* 晚上 7：00

5. 上午 10：30　　*6.* 下午 3：30

7. $4\frac{1}{2}$小時　　8. $5\frac{1}{4}$小時

9. 1 小時　　*10.* 10 小時

單元 165

動物的體重

純純和她的朋友小真、莎莉想要了解動物體重增加的情形，她們有 3 隻豬、6 隻雞、4 隻綿羊和 7 隻山羊，每一隻動物都取了一個名字，孩子們認為替動物們取名字是很有趣的。小豬們分別叫做大圓、胖胖和小妞，大圓的體重是 $162\frac{1}{2}$公斤，胖胖是 $163\frac{5}{8}$公斤，而小妞也有 161 公斤重。三個禮拜以後，動物們的體重又增加了，大圓增加了 $3\frac{1}{8}$公斤，胖胖變為 $167\frac{7}{8}$公斤，小妞是 $163\frac{3}{8}$公斤。

4 隻綿羊分別叫做文文、小德、阿雪、亨利。文文有 $51\frac{5}{16}$公斤，小德比文文多 $3\frac{1}{16}$公斤，阿雪有 $56\frac{9}{16}$公斤，亨利比阿雪少了 $6\frac{3}{16}$公斤。純純和小真、莎莉很有恆心地為這些動物們做體重的紀錄，二個禮拜之內，她們發現文文增加了 $3\frac{3}{16}$公斤，小德現在也有 $57\frac{11}{16}$公斤，阿雪是 $59\frac{9}{16}$公斤。

這些孩子們覺得她們的計畫很有意義，希望一整年都能繼續仔細地記錄動物體重增加的情形。

1. 純純、小真和莎莉總共有多少隻動物？
2. 第一次秤體重時，胖胖比小妞重了多少公斤？
3. 第一次秤體重時，胖胖比大圓重了多少公斤？
4. 小豬們三個禮拜以後又再稱第二次重量，那時大圓是多少公斤？
5. 胖胖在三個禮拜之內增加了多少公斤重？
6. 第二次量體重時，胖胖比小妞重了多少公斤？

7. 小妞第二次量的體重比第一次重了多少公斤？

8. 小綿羊們第一次量體重時，哪一隻綿羊最重？

9. 綿羊小德第一次量體重時是多少公斤？

10. 綿羊阿雪第二次量體重比第一次量的體重重了多少公斤？

11. 綿羊亨利第一次量的體重是多少？

答案：*1.* 20 隻

2. $2\frac{5}{8}$公斤

3. $1\frac{1}{8}$公斤

4. $165\frac{5}{8}$公斤

5. $4\frac{1}{2}$公斤

6. $4\frac{1}{2}$公斤

7. $2\frac{3}{8}$公斤

8. 阿雪

9. $54\frac{3}{8}$公斤

10. 3 公斤

11. $50\frac{3}{8}$公斤

單元 166

長大

小羅是一個國小六年級的 12 歲男孩，他住在台東市太平東街 58-2 號。小羅目前的身高是 $145\frac{3}{4}$公分，體重是 $37\frac{1}{4}$公斤，他比他 10 歲生日時長高了 $5\frac{1}{4}$公分，也重了 $4\frac{1}{4}$公斤。小羅希望在國中三年級時可以長高到 $169\frac{3}{4}$公分，體重能增加 $21\frac{3}{4}$公斤。他很在意身高和體重，因為將來高中以後他希望能參加運動比賽。他最喜歡的運動項目是籃球，他說：「我如果是位籃球選手，我至少需要有 $185\frac{3}{4}$公分的身高和 $73\frac{3}{4}$公斤的體重。」為了達成他的心願，小羅每星期一、三、五練習投籃 $2\frac{1}{4}$小時，每星期四、六練習 $2\frac{3}{4}$小時。他每天回到家就認真地寫功課，寫完之後就練習投籃。

1. 小羅住在哪裡？
2. 小羅現在幾歲？
3. 小羅 10 歲時身高是多少？
4. 小羅 10 歲時體重是多少？
5. 小羅還要再長多少公分才能達到他希望在國三時的身高呢？
6. 如果小羅六年級時體重是 $37\frac{1}{4}$公斤，到了國三時增加 $21\frac{3}{4}$公斤，到那時候，小羅的體重是多少公斤呢？
7. 小羅希望將來成為身高 $185\frac{3}{4}$公分的籃球選手，那麼以他現在的身高，還要再增加多少公分才能達到目標呢？

8. 小羅希望將來的體重是 $73\frac{3}{4}$公斤，那麼他的體重還要再增加多少公斤？

9. 小羅週四、六練習籃球的時間總共是多少小時？

10. 小羅每週一、三、五練習籃球的所有時間比週四、六的時間多了多少小時？

答案：*1.* 台東市太平東街 58-2 號　*2.* 12 歲

3. $140\frac{1}{2}$公分　*4.* 33 公斤

5. 24 公分　*6.* 59 公斤

7. 40 公分　*8.* $36\frac{1}{2}$公斤

9. $5\frac{1}{2}$小時　*10.* $1\frac{1}{4}$小時

單元 167

淡水魚的紀錄

下表是一些淡水魚類的身長和肚圍紀錄。

第一部分：淡水魚的紀錄			第二部分：胡大哥釣魚的紀錄		
種　類	身長（公分）	肚圍（公分）	種　類	身長（公分）	肚圍（公分）
吳郭魚	$30\frac{1}{2}$	$12\frac{1}{2}$	吳郭魚	$33\frac{1}{2}$	$14\frac{1}{2}$
鱒　魚	$20\frac{1}{2}$	$6\frac{1}{8}$	鱒　魚	$24\frac{1}{2}$	$12\frac{5}{8}$
鯉　魚	$30\frac{1}{2}$	$10\frac{1}{4}$	鯉　魚	$30\frac{1}{2}$	$11\frac{1}{4}$
草　魚	$50\frac{1}{4}$	$14\frac{1}{8}$	草　魚	$50\frac{1}{8}$	$14\frac{1}{8}$
鰻　魚	$50\frac{7}{8}$	$6\frac{1}{8}$	鰻　魚	$50\frac{7}{8}$	$6\frac{1}{8}$
鰱　魚	$60\frac{1}{2}$	$20\frac{1}{2}$	鰱　魚	60	19
鯽　魚	$15\frac{1}{4}$	$5\frac{7}{8}$	鯽　魚	$17\frac{1}{4}$	$8\frac{7}{8}$
溪哥魚	$10\frac{1}{2}$	3	溪哥魚	$11\frac{1}{2}$	3

1. 哪一種魚的身長及肚圍紀錄和胡大哥釣魚的紀錄是一樣的？
2. 在第二部分裡，哪一種魚的身長最長？
3. 在胡大哥釣魚的紀錄裡，哪一種魚的肚圍最小？
4. 胡大哥釣的吳郭魚身長紀錄比淡水魚紀錄多了多少公分？
5. 淡水魚紀錄裡的溪哥魚肚圍比胡大哥的溪哥魚肚圍少了多少？
6. 假如第二部分鯉魚的肚圍加 $1\frac{1}{4}$ 公分，那麼鯉魚的肚圍會是多少？
7. 第二部分的吳郭魚和鯽魚的身長共是多少呢？
8. 胡大哥說：「我釣到了一隻長 $50\frac{3}{4}$ 公分的草魚。」請問這條魚比淡水魚的紀錄多了幾公分？

9. 第一部分裡的鱒魚肚圍應該加多少才能和第二部分裡的鱒魚肚圍一樣？

10. 胡大哥釣的鏈魚肚圍比鰻魚肚圍多了多少公分？

答案：

1. 鰻魚
2. 鏈魚
3. 溪哥魚
4. 3 公分
5. 一樣
6. $12\frac{2}{4}$（$12\frac{1}{2}$）公分
7. $50\frac{3}{4}$公分
8. $\frac{2}{4}$（$\frac{1}{2}$）公分
9. $6\frac{4}{8}$（$6\frac{1}{2}$）公分
10. $12\frac{7}{8}$公分

單元 168

跳高比賽

運動場上很多人坐在椅子上休息，每個人汗流滿面，又累又渴的，剛才舉行的跳高比賽現在要公布名次了。

	國小一年級		國小六年級	
	男（公分）	女（公分）	男（公分）	女（公分）
第一名	$86\frac{9}{16}$	$73\frac{3}{4}$	$162\ \frac{3}{8}$	$109\frac{5}{16}$
第二名	$72\ \frac{1}{2}$	$66\frac{1}{4}$	$157\frac{5}{16}$	$107\frac{3}{16}$
第三名	$69\frac{5}{16}$	$62\frac{5}{8}$	$154\ \frac{3}{4}$	$103\ \frac{1}{8}$
第四名	$67\frac{7}{16}$	$61\frac{3}{8}$	$154\ \frac{1}{4}$	$99\ \frac{3}{8}$
第五名	$62\frac{5}{8}$	$59\frac{1}{4}$	$151\ \frac{1}{8}$	$97\ \frac{1}{4}$

1. 哪一個年級和性別的學生跳高成績最好？
2. 國小一年級男生第一名比第三名的成績高了多少公分？
3. 國小一年級男生第四名比第三名的成績低了多少公分？
4. 國小一年級女生第五名的成績還要加多少公分才能和國小六年級女生的第三名一樣？
5. 國小六年級男生第一名的成績比同年級第五名的成績高了多少公分？
6. 國小六年級女生第二名的成績再加 $2\frac{2}{16}$ 公分，和第一名相比的結果如何？
7. 國小一年級女生第一名比第五名成績高了多少公分？
8. 國小六年級男生第五名的成績是錯的，應該再加 $3\frac{7}{8}$ 公分，請問他應是第幾名？

9. 國小一年級男生第一名和國小六年級男生第一名的成績相差多少公分？

10. 國小一年級女生第一名和國小六年級女生第一名的成績相差多少公分？

答案：*1.* 國小六年級男生　*2.* $17\frac{1}{4}$公分

3. $1\frac{7}{8}$公分　*4.* $43\frac{7}{8}$公分

5. $11\frac{1}{4}$公分　*6.* 相等

7. $14\frac{1}{2}$公分　*8.* 第三名

9. $75\frac{13}{16}$公分　*10.* $35\frac{9}{16}$公分

單元 169

生活的故事

1. 安妮的家離學校有$\frac{3}{5}$公里，小德的家比安妮的家離學校近$\frac{1}{5}$公里，那麼小德家離學校多遠呢？

2. 大華每天跑$\frac{6}{10}$公里，大偉每天跑$\frac{5}{10}$公里，而小民每天則跑$\frac{8}{10}$公里，那麼小民比大偉多跑多少公里呢？

3. 從學校走到市內要花$\frac{3}{4}$小時的時間，而從市內走到郵局，比市內走到學校少花$\frac{2}{4}$小時的時間，那麼從市內走到郵局需花多少時間呢？

4. 莉莉讀了$\frac{7}{8}$篇的故事，而小維比莉莉多讀了$\frac{1}{8}$，大偉比莉莉少讀了$\frac{2}{8}$，那麼大偉讀了多少篇故事呢？

5. 到雜貨店的距離比到藥局的距離近$\frac{3}{5}$公里，假如到藥局的路程是$\frac{4}{5}$公里，請問到雜貨店的距離是多少公里？

6. 莎莉開車已經開了$\frac{3}{12}$小時，而小惠則開了$\frac{8}{12}$小時的車和溜了$\frac{6}{12}$小時的冰，請問小惠比莎莉多開了多久的車？

7. 安安比蓉蓉少開$\frac{2}{12}$小時的車，而蓉蓉比憲憲多開了$\frac{1}{12}$小時的車，如果安安已經開了$\frac{5}{12}$小時的車，那麼蓉蓉開車開多久了？

8. 勤育多放了$\frac{2}{7}$公斤的肥料在他的盆栽內，如果他現在已經施放了$\frac{4}{7}$公斤的肥料，那麼他剛開始施放了多少的肥料呢？

9. 婷婷每天放學後看$\frac{8}{10}$小時的電視，而淑如每天放學後看電視$\frac{5}{10}$小時，晚餐後看電視$\frac{7}{10}$小時。請問是誰放學後看電視的時間比較多？多多少？

10. 小霈每天總共看$\frac{9}{10}$小時的電視，建忠每天看$\frac{8}{10}$小時，如果兩個人在晚餐前都看$\frac{3}{10}$小時的電視，那麼小霈晚餐後看了多久的電視？他比建忠多看了多少時間的電視呢？

答案：*1.* $\frac{2}{5}$公里　　*2.* $\frac{3}{10}$公里

3. $\frac{1}{4}$小時　　*4.* $\frac{5}{8}$篇

5. $\frac{1}{5}$公里　　*6.* $\frac{5}{12}$小時

7. $\frac{7}{12}$小時　　*8.* $\frac{2}{7}$公斤

9. 婷婷，$\frac{3}{10}$小時　　*10.* $\frac{6}{10}$小時，$\frac{1}{10}$小時

單元 170

一些友情的故事

1. 小妮把她所有錄音帶的 40%送給 8 個朋友。她原有 80 卷錄音帶，請問她送走了幾卷？
2. 小蓮有 16 個洋娃娃，其中 50%是長頭髮的，請問短頭髮的洋娃娃有多少個？
3. 小華邀請 28 位朋友來參加她的慶生會，但是有 25%的朋友不能來，請問有幾位朋友不能來？
4. 阿山喜歡養魚。上個月他買了 35 條金魚，這個月他的朋友送給他一些金魚，使他擁有的金魚多了 20%，現在阿山有幾條金魚呢？
5. 阿琴把一些橡皮圈送給 6 位朋友，每人 5 條。她總共把 70%的橡皮圈送走了，那麼她自己留著的橡皮圈佔了多少比例呢？
6. 小惠把她不能穿的毛衣送給 8 位同學，每人 6 件。小惠保留了 25%的毛衣在身邊，請問她送出了多少百分比的毛衣？
7. 小麗把一些蝴蝶結送給朋友，每人 3 個，她總共送出了全部 36 個蝴蝶結的 50%給朋友，請問她送出了幾個蝴蝶結呢？
8. 阿櫻把她所有故事書的 40%分送給鄰居的小朋友，她原來有 50 本故事書，請問她送出了幾本？
9. 大德把他零用錢的 15%捐給班上生病的同學，原本他有 100 元的零用錢，那麼他總共捐出了多少元？
10. 小芸有 25 雙襪子，她的媽媽又買了一些襪子給她，使她擁有的襪子數量多了 40%，現在小芸共有幾雙襪子？

答案：*1.* 32 卷　　*2.* 8 個

3. 7 位　　*4.* 42 條

5. 30 %　　*6.* 75 %

7. 18 個　　*8.* 20 本

9. 15 元　　*10.* 35 雙

單元 171

糖果工廠

王小虎是食品工廠的領班，每天上班都有很多忙碌的工作要做，其中一件就是檢查每一種罐頭裡是否放入適當數目的胡桃。這個食品工廠以他們的胡桃罐頭最著名，很多人也都喜歡買這種罐頭，所以工廠對胡桃罐頭的各種混合成份都很注重一定比例：

每一個罐頭裡混合 40%的腰果
每一個罐頭裡混合 25%的杏仁
每一個罐頭裡混合 20%的胡桃顆粒
每一個罐頭裡混合 10%的花生
每一個罐頭裡混合 5%的巴西核桃

工廠把混合後的胡桃分成三種大小的罐頭來包裝。第一號罐頭裡面裝 200 顆胡桃；第二號罐頭裝 400 顆胡桃；第三號罐頭裝 1000 顆胡桃。

1. 胡桃顆粒佔了每一個罐頭的多少比例呢？
2. 哪一種東西在罐頭裡所佔的比例是胡桃顆粒的兩倍？
3. 第一號罐頭裡的花生應該有多少顆呢？
4. 杏仁與巴西核桃何者佔的比例比較多？多多少？
5. 第二號罐頭裡的腰果比杏仁多多少顆呢？
6. 杏仁和花生哪一種所佔的比例較少？少多少呢？
7. 第二號罐頭比第一號罐頭多了多少胡桃呢？
8. 假如你買了第一、二、三號的罐頭，你將會有多少顆胡桃呢？

答案：*1.* 20%　*2.* 腰果

3. 100 顆　*4.* 杏仁，20%

5. 300 顆　*6.* 花生，15%

7. 200 顆　*8.* 1,600 顆

單元 172

種菜

小蓮和小妮初春時在菜園耕種，他們摘除了一些植物，只留了 200 株下來，其中有 2%的蕃茄，但是小蓮和小妮希望能多收成一些蕃茄。所有植物中的 10%是豌豆莢，而小蓮和小妮喜歡胡蘿蔔，所以種了 18%的胡蘿蔔在菜園內，剩下的地方種了多葉的萵苣（5%）、青花菜（35%）和茄子（30%）。

這二位女孩在暑假期間很努力地工作，她們終於收成了很多的蔬菜。蕃茄樹長出了 90 粒大蕃茄，小蓮和小妮吃掉了其中的 20%，50%做成罐頭，其他剩下的都送給朋友吃。

1. 菜園裡有多少棵蕃茄樹？
2. 菜園裡有多少比例的植物是綠色蔬菜？
3. 菜園裡會長出多少株的綠色蔬菜？
4. 菜園裡有多少棵胡蘿蔔？
5. 胡蘿蔔比萵苣多了多少根？
6. 茄子比青花菜少了多少根？
7. 豌豆莢只有 4 棵沒有長出豆子來，那麼有多少棵的豌豆莢有長出豆子來？
8. 小蓮和小妮吃了多少粒從蕃茄樹長出來的蕃茄呢？
9. 小蓮和小妮送給朋友的蕃茄有多少比例呢？
10. 小蓮和小妮沒有拿來做罐頭的蕃茄佔了多少比例呢？

答案：*1.* 4 棵　　*2.* 50 %
3. 100 株　　*4.* 36 棵
5. 26 根　　*6.* 10 根
7. 16 棵　　*8.* 18 粒
9. 30%　　*10.* 50 %

單元 173

圖書館的書

下面的圓形圖是表示圖書館中各類圖書的百分比。

故事類

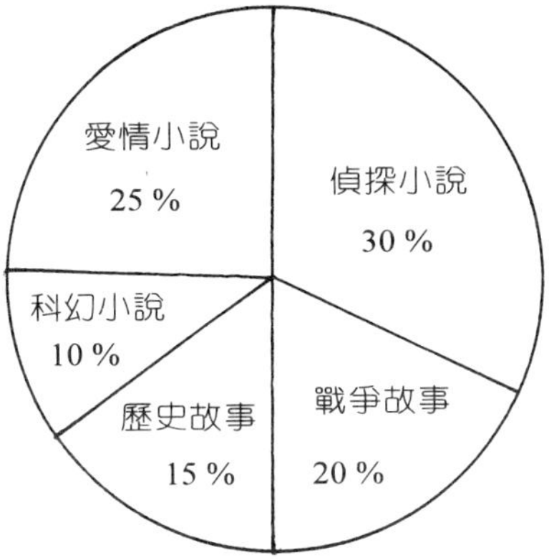

非故事類

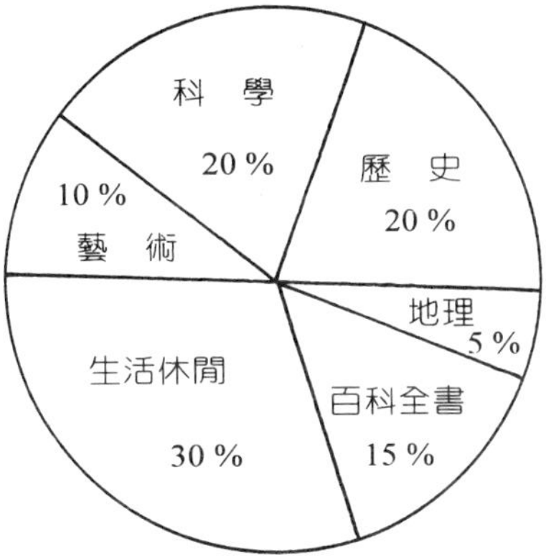

1. 在故事類的圖形中，哪一類的書最多？
2. 在非故事類的圖形中，哪一類的書最少？
3. 如果圖書館有 1000 本故事類的書，那麼科幻小說有幾本？
4. 如果圖書館有 2000 本非故事類的圖書，那麼生活休閒書籍有幾本？
5. 如果圖書館有 2000 本非故事類的圖書，那麼藝術和科學類的書籍共有幾本？
6. 如果圖書館有 3000 本故事類的書籍，請問不是愛情小說的書有多少本？
7. 如果圖書館有 1000 本故事類的書籍和 2000 本非故事類的書籍，請問歷史故事和歷史書共有幾本？
8. 如果圖書館有 2000 本非故事類的書籍，那麼既不是百科全書，也不是地理書籍的有幾本？

9. 如果圖書館有 1000 本故事類的書籍，那麼戰爭故事類書籍比歷史故事類書籍多多少本？

10. 如果圖書館有 2000 本非故事類的圖書，那麼藝術類書籍比生活休閒類書籍少幾本？

答案：*1.* 偵探小説　　*2.* 地理

3. 100 本　　*4.* 600 本

5. 600 本　　*6.* 2,250 本

7. 550 本　　*8.* 1,600 本

9. 50 本　　*10.* 400 本

單元 174

家庭的支出

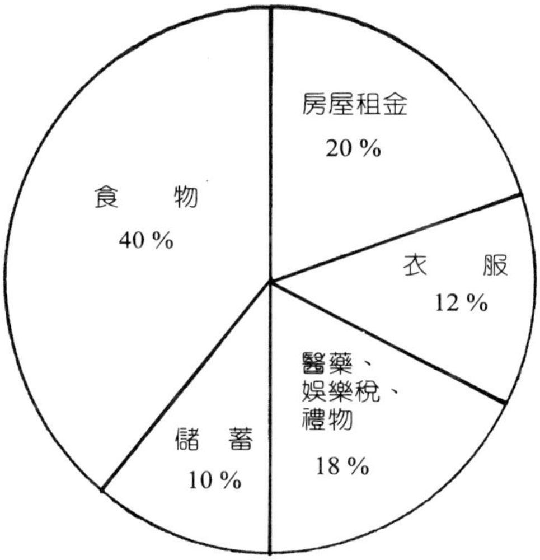

1. 有多少百分比的家庭收入是花在食物上？
2. 有多少百分比的家庭收入是花在房屋租金上？
3. 有多少百分比的家庭收入是花在衣服上？
4. 有多少百分比的家庭收入是放在儲蓄上？
5. 有多少百分比的家庭收入是花在食物和房屋租金上？
6. 有多少百分比的家庭收入是花在衣服、醫藥等個人的支出上？
7. 洪先生收入的 48%花在食物上，和上圖相比如何？
8. 周先生自己有房子，所以不必付房租，和上圖相比較，上圖多支出了多少百分比？
9. 這個家庭買食物比買衣服多花了多少百分比？

10. 這個家庭買衣服比儲蓄多花了多少百分比？

11. 這個家庭哪一項的支出最多？哪一項最少？

答案：

1. 40%

2. 20%

3. 12%

4. 10%

5. 60%

6. 30%

7. 多了 8%

8. 20%

9. 28%

10. 2%

11. 食物最多，儲蓄最少

單元 175

健康檢查

1. 每年陳海生都會做身體健康檢查，去年陳海生量體重是 80 公斤，今年他的體重增加了 8%，請問陳先生今年體重增加了多少公斤？
2. 陳海生的姊姊很快樂，因為她去年的體重是 90 公斤，醫生告訴她要減肥，而今年她的體重少了 4%，請問她減輕的體重是多少公斤？
3. 盛哲是陳先生最小的兒子，今年 7 歲。去年量身高是 112 公分，醫生說他今年的身高比去年多 10%，請問今年盛哲長高了多少公分呢？
4. 陳海生的爸爸比較不愛動，他今年的體重比去年的 50 公斤增加了 3%，請問陳海生的爸爸長胖了幾公斤呢？
5. 陳海生的媽媽去年的體重是 60 公斤，今年她因為減肥瘦了 10%，請問她減了多少公斤呢？
6. 醫生告訴陳海生的媽媽不應該減肥太多，建議她再增胖原來減掉體重的 50%，那麼陳海生的媽媽應該要再增胖多少公斤呢？
7. 為了增胖，陳海生的媽媽計畫每天要增加 20%卡路里的熱量飲食，假如她目前每天吃 2000 卡的熱量，那麼陳媽媽每天應增加多少熱量呢？
8. 陳海生他們的家庭醫生說，現在有愈來愈多的人來做健康檢查，他的健檢案例已經增加了 10%，假如去年陳海生的家庭醫生有 600 個人做健康檢查，那麼今年會增加多少健檢人數呢？

答案：*1.* 6.4 公斤　　*2.* 3.6 公斤
3. 11.2 公分　　*4.* 1.5 公斤
5. 6 公斤　　*6.* 3 公斤
7. 400 卡　　*8.* 60 人

單元 176

籃球隊

1. 新新籃球隊經過 10 週的比賽，在 20 場的籃球賽中贏了 70%的比賽，請問這支球隊贏得了幾場的比賽？
2. 大成籃球隊在比賽中僅贏得 60%的比賽，但是他們卻比新新籃球隊多參加 5 場比賽，請問大成籃球隊到底贏了多少場的比賽？
3. 彥文是新新籃球隊的隊員，他在比賽中投出 18 球，其中 50%是投中籃框的球，請問彥文投中了多少球？
4. 在另一場比賽中，彥文投出了 8 個 3 分球和 20 個 2 分球，其中 3 分球的投中率為 75%，請問他投進了幾個 3 分球？
5. 女籃球隊也有很好的紀錄表現，她們在 25 場比賽中贏得 80%，請問這些女球員贏得多少場比賽呢？
6. 新新籃球隊 800 位女球員當中，只有 9%的人要去比賽 20 場的籃球賽，請問到底有多少女孩參加比賽呢？
7. 大成籃球隊的隊員有 40%是住在台北，有 10%住在桃園，其餘的隊員都是其他各縣市的人。請問住在台北地區的隊員比桃園地區的隊員多了多少？
8. 大成籃球隊的運動獎金是由男球員和女球員們共同領取的。因為女球員在比賽中的人數較少，所以她們分得 40%的獎金。請問男球員分得了多少的獎金呢？

答案：*1.* 14 場　　*2.* 15 場

3. 9 球　　*4.* 6 球

5. 20 場　　*6.* 72 人

7. 30 %　　*8.* 60 %

單元 177

家庭收入的消費

小莉的經濟課要處理一份問卷，調查城市內家庭的金錢如何消費。他們寄出了 200 份的問卷，其中有 80%的家庭回答了問題而且寄回問卷。修這堂課的同學花了 5 個小時查看問卷以及整理所有的資料，其中有 20%的時間他們投注在調查結果的撰寫上。

同學們發現大部分的家庭收入是花在買食物和飲料（20%）上面，交通費平均佔了家庭收入的 16%，15%的收入則花在房屋（住屋），10%在衣服和飾品上，7%在醫藥護理上，14%在家庭的經營上面，而 6%則花在休閒娛樂上。剩下的錢則花在其他的花費上。

1. 多少人回答問卷而且寄回問卷？
2. 班上同學花多少時間來寫調查的結果？
3. 有多少比例的家庭收入是花在食物、飲料以及居住方面？
4. 家庭收入花費在交通上面比在衣服和飾品上面多了多少比例？
5. 假如一個家庭的年收入是 100,000 元，那麼花在休閒娛樂上的錢是多少元？
6. 家庭收入花費在衣服、飾品和醫藥護理上面，比花在休閒娛樂上多了多少比例？
7. 假如一個家庭一年收入 150,000 元，那麼在衣服和飾品方面的花費是多少元？
8. 花在住屋以及家庭經營的金錢比例是多少？

答案：*1.* 160 人　　*2.* 1 小時

3. 35%　　*4.* 6%

5. 6,000 元　　*6.* 11%

7. 15,000 元　　*8.* 29%

單元 178

背沙袋比賽

在馬場裡的負重競賽通常會吸引很多遊客來觀賞。這個比賽很簡單，馬兒們背著很重的沙袋走 10 公尺就可以了。剛開始先背 500 公斤，當所有的 8 匹馬都背這個重量的沙袋走完 10 公尺之後，再增加 10%的重量，馬兒們就再走一次 10 公尺。沒有力氣走完全程的馬就要被淘汰掉。如此不斷地增加另一個原重量 10%重量的沙袋，直到剩下最後一匹可以撐下去走完 10 公尺的馬，就是勝利者。

1. 有一匹馬背 500 公斤的沙袋只能走完全路程的 80%，請問牠到底可以走多遠？
2. 有二匹馬在第一次增加了 10%重量以後就無法走下去，請問沙袋是多重呢？
3. 有一匹馬可以背增加重量 5 次後的沙袋，請問牠可以背幾公斤的沙袋呢？
4. 在第 5 個 10 公尺的路程中，有一匹馬只走到全路程的 20%就走不下去了，請問這匹馬總共走了多少公尺？
5. 比賽結果是沙袋增加到 70%的重量仍能走動的馬獲勝，請問這匹馬到底可以背幾公斤呢？
6. 有 75%的馬可以背到 600 公斤，請問是多少匹馬呢？
7. 只有 25%的馬可以背到 800 公斤，請問是多少匹馬呢？
8. 今年的比賽裡，某匹馬比去年多背了 12%的重量。去年牠背了 550 公斤，那麼這匹馬今年比去年多背了多少公斤呢？
9. 今年的冠軍比去年的冠軍多背了 5%的重量，如果去年是背 820 公斤的馬獲勝，那麼今年冠軍比去年冠軍多背了幾公斤呢？

10. 今年的第二名比去年的第二名多背了 5%的重量，如果去年是背了 800 公斤的馬獲得第二名，那麼今年第二名的馬比去年第二名的馬多背了多少公斤？

答案：

1. 8 公尺	*2.* 550 公斤
3. 750 公斤	*4.* 42 公尺
5. 850 公斤	*6.* 6 匹
7. 2 匹	*8.* 66 公斤
9. 41 公斤	*10.* 40 公斤

單元 179

兩個城市的故事

你是住在小城鎮還是大都市呢？小城鎮和大都市在許多方面都顯現出不同的風貌。例如城鎮與都市對土地用途的劃分方式就有很大的不同。讓我們比較一下甲乙兩城市的土地使用情形:

甲城市		乙城市	
商業區	14%	商業區	22%
工業區	12%	工業區	16%
公立學校用地	5%	公立學校用地	5%
地區學院用地	9%	地區學院用地	4%
住宅區	40%	住宅區	47%
博物館與公園用地	0%	博物館與公園用地	6%
農地及郊區	20%	農地及郊區	0%

1. 甲、乙兩城市，哪一個劃分較多的工業用地？
2. 甲、乙兩城市，哪一個劃分較多的博物館和公園用地？
3. 甲城市有多少比例的土地用於建地區學院？
4. 乙城市的住宅區佔了多少百分比？
5. 甲城市的工商業用地百分比共是多少？
6. 乙城市的所有學校用地佔多少百分比？
7. 哪個城市的住宅用地比例較多？多多少？
8. 甲城市的農地及郊區用地佔多少百分比？
9. 甲城市學校用地比例較少的是哪一項？少多少？
10. 乙城市工業用地比例比甲城市的商業用地比例多多少？
11. 你知道你所居住的城市，有多少商業用地嗎？

答案：1. 乙城市　　2. 乙城市

3. 9%　　4. 47%

5. 26%　　6. 9%

7. 乙城市，7%　　8. 20%

9. 公立學校用地，4%　　10. 2%

11. 開放答案

單元 180

適當攝取量

你知道嗎？每天攝取適量的維他命和礦物質才能維持身體健康，而無論是攝取不足或過量都有害健康。下表是 500c.c.優酪乳和 500c.c.酵母乳中所含各種維他命和礦物質的比例：

	優酪乳	酵母乳
蛋白質	18%	2%
維他命 A	6%	3%
維他命 B_1	2%	低於 2%
維他命 B_{12}	15%	2%
鈣	30%	4%
維他命 C	低於 2%	低於 2%
菸鹼酸	低於 2%	低於 2%
鐵	低於 2%	低於 2%

1. 500c.c.的優酪乳比 500c.c.的酵母乳多含了多少百分比的維他命 B_{12}？
2. 優酪乳和酵母乳含有相同比例的菸鹼酸，還有哪種礦物質也含有相同比例？
3. 如果飲用了 1000c.c.的優酪乳可以攝取到多少百分比的維他命 A？
4. 如果飲用了 250c.c.的酵母乳可以攝取到多少百分比的鈣質？
5. 如果同時飲用了 500c.c.的優酪乳和 500c.c.的酵母乳可以攝取到多少百分比的蛋白質？
6. 500c.c.的優酪乳含有多少單位的維他命 A？
7. 每日飲用優酪乳和酵母乳來攝取維他命C是好方法嗎？哪一種可獲得較多的維他命 C？

答案：*1.* 13%　　*2.* 鐵

3. 12%　　*4.* 2%

5. 20%　　*6.* 30 單位

7. 不是（開放答案）

單元 181

小小故事(一)

1. 凱莉今天買了 8 朵玫瑰，是上星期的 2 倍，請問上星期她買了幾朵玫瑰？
2. 茂森這個月讀了 8 本雜誌，是科幻小說的 4 倍，那麼這個月他讀了幾本科幻小說？
3. 素娥包裝了 3 件裙子，然後又包裝了 9 件毛衣和幾件長褲。如果包裝的毛衣是長褲的 3 倍，那麼她共包裝了幾件長褲？
4. 大偉昨天晚上睡了 6 小時，是前天晚上的 2 倍，那麼前天晚上他睡了多少小時？
5. 雅君將 9 本書平均分送給朋友，如果每人得到 3 本，請問她把書送給了幾位朋友？
6. 承泰把釣到的 6 條魚平均分送朋友，如果每人分得 2 條，那麼他把魚送給了幾位朋友？
7. 永耀把 9 隻小白兔平均分送給 3 位朋友，那麼每人可分得幾隻？
8. 永福買了 4 個甜筒請朋友吃，每人吃 2 個，請問他共請了幾位朋友吃甜筒？

答案：*1.* 4 朵　　*2.* 2 本

3. 3 件　　*4.* 3 小時

5. 3 位　　*6.* 3 位

7. 3 隻　　*8.* 2 位

單元 182

小小故事(二)

1. 愛玲家裡有 2 輛汽車，是家裡小狗的 2 倍，請問她家養了幾隻小狗？
2. 文中這星期吃了 8 個蘋果，是水梨的 4 倍，請問他吃了幾個水梨？
3. 小蕾烘焙了 4 塊餅乾，是小蛋糕的 2 倍，請問他共烘焙了幾個小蛋糕？
4. 陳先生賣出了 6 個蘋果，後來又賣出了一些蕃茄，如果蘋果是蕃茄的 2 倍，那麼他賣出了多少個蕃茄？
5. 依玲縫製了 10 條領帶，後來又縫製了一些裙子，如果領帶是裙子的 2 倍，那麼她縫製了多少件裙子？
6. 君平在第五場球賽中接住了 14 個高飛球，是他接到滾地球的 7 倍，那麼他接住了幾個滾地球？
7. 珍珍買了 20 個氣球和一些水槍，如果氣球是水槍的 4 倍，那麼她買了幾支水槍？
8. 小祥掃了 21 堆樹葉和一些樹枝，如果樹葉是樹枝的 7 倍，那麼他掃了幾堆樹枝？

答案：*1.* 1 隻　　*2.* 2 個
3. 2 個　　*4.* 3 個
5. 5 件　　*6.* 2 個
7. 5 支　　*8.* 3 堆

單元 183

射擊攤位

小萍、玉英、珍珍和玉如有一天的假期，她們決定到大安森林公園參加園遊會。她們每個人都喜歡玩射擊遊戲，包括射氣球、射紅心靶和射飛機等項目。

當女孩子們來到射氣球的攤位，她們買了 88 靶次平分著玩。她們玩得很高興，決定再平分 44 靶次。

在射紅心靶的攤位，她們買了 48 靶次平分著玩。由於玉如發現她的鞋子壞了，所以離開會場去修鞋，其他女孩則又平分著射了 96 靶次。玉如回來後表示她還想再玩射紅心靶，所以玉英又和她共買了 48 靶次一起玩。

接著她們來到射飛機的攤位，這個遊戲是最困難且充滿挑戰性的遊戲，因為飛機迅速地移動著，女孩們都躍躍欲試。她們買了 24 靶次平分著玩，此時她們班上的四個男孩子也來到這個攤位，要求和她們一起玩，女孩們欣然答應，於是他們又買了 168 靶次平分著玩。

當他們再回到射紅心靶攤位時，女孩們平分著射了 164 靶次，男孩們則平分了 284 靶次。最後男孩們表示要去試試射氣球，而女孩們則決定先回家了，男孩們共射了 12 次氣球。

1. 遇見男孩前，女孩們每人平均射了幾次氣球？
2. 如果女孩再買 44 靶次射氣球，那麼每人可再射幾次？
3. 遇見男孩前，女孩們每人平均射了幾次飛機？
4. 女孩們和男孩們一起玩時，每人射了幾次飛機？
5. 玉如去修鞋時，其他女孩們每人平均射了幾次紅心靶？

6. 遇見男孩後，女孩們每人平均射了幾次紅心靶？

7. 男孩們與女孩們一同在紅心靶攤位時，男孩們每人平均射了幾次紅心靶？

8. 男孩們每人平均射了幾次氣球？

答案：*1.* 33 次　　*2.* 11 次

3. 6 次　　*4.* 21 次

5. 32 次　　*6.* 41 次

7. 71 次　　*8.* 3 次

單元 184

蔬果冷藏

家銘、他的姊姊若蘭和爸爸、媽媽全家今天想要冷藏一些蔬菜和自製一些水果及蔬菜罐頭。他們沒有自己的庭院，因為他們居住的都市非常擁擠，沒有多餘的空間可以用來開闢庭院。和以前一樣，他們一早就開車到達青青農場。這是一個開放式的觀光農場，每個人可以自由地摘採自己想要的蔬果。

在菜園中，他們摘採了 36 斤黃豆、24 斤青豆、248 條紅蘿蔔、133 條大黃瓜和 78 條白蘿蔔。在果園中，他們摘了 9 袋蘋果、3 袋水梨和 5 袋水蜜桃。最後，他們採了 132 根玉蜀黍，因為他們希望在將玉蜀黍冷藏前能盡可能保持新鮮。

回家後的所有時間，他們都忙於分裝冷藏各種蔬菜和製作各種罐頭。

1. 他們所採的水梨共要 684 元，平均每袋多少元？
2. 他們所採的水蜜桃共要 1,575 元，平均每袋多少元？
3. 他們採了幾打的玉蜀黍？
4. 他們將紅蘿蔔每 8 條裝一袋冷藏，共可分裝成幾袋？
5. 家銘將大黃瓜每 7 條放一堆，共可分成幾堆？
6. 媽媽將黃豆平均裝於 4 個冷藏袋中，每袋可裝幾斤？
7. 他們家每次只食用少量的白蘿蔔，所以決定每袋只裝 3 條白蘿蔔。他們共裝了幾袋白蘿蔔？
8. 他們所採的蘋果共要 729 元，平均每袋多少元？
9. 如果全家人平均食用紅蘿蔔，每人可以吃到幾根紅蘿蔔？

答案：*1.* 228 元　　*2.* 315 元

3. 11 打　　*4.* 31 袋

5. 19 堆　　*6.* 9 斤

7. 26 袋　　8. 81 元

9. 62 根

單元 185

打電報

電報是人類傳遞訊息的一種方法。一八三五年摩斯發明了電報機，他設計出一種電碼，用來傳送訊息。許多年來打電報曾一度是傳送訊息最快的方式，直到五十年後貝爾發明了電話。現在人類可以藉由電話更快速地傳遞訊息。我們主要靠著電報傳遞訊息大約達五十年之久，即使是今日，我們也仍然使用著電報，現在讓我們看看上表所列的電報費率，並依此費率完成下表。

每日時刻	每字價格
上午 6：00～上午 11：59	9 元
中午 12：00～下午 4：59	7 元
下午 5：00～晚上 11：59	5 元
晚上 12：00～凌晨 5：59	

7 月 30 日電報紀錄表：

項目	時間	金額	字數
1. 林先生打給林太太	上午 7：50	369 元	______
2. 江先生打給戴小姐	下午 1：30	427 元	______
3. 戴小姐回覆江先生	上午 7：20	54 元	______
4. 依萍打給若菊	凌晨 3：30	242 元	______
5. 大通公司回覆	上午 8：33	729 元	______
6. 趙太太打給林小姐	下午 2：47	497 元	______
7. 志強打給竹君	下午 3：27	567 元	______
8. 戴小姐打給江先生	凌晨 4：52	368 元	______
9. 江先生回覆戴小姐	上午 7：38	9 元	______
10. 總統打給副總統	上午 8：55	756 元	______
11. 吳董事長打給吳太太	晚上 11：58	525 元	______
12. 吳董事長打給吳太太	上午 11：58	549 元	______
13. 王小華打給方英英	下午 2：47	497 元	______

答案：*1.* 41 字　*2.* 61 字

3. 6 字　*4.* 121 字

5. 81 字　*6.* 71 字

7. 81 字　*8.* 184 字

9. 1 字　*10.* 84 字

11. 105 字　*12.* 61 字

13. 71 字

單元 186

高爾夫球獎金排行榜

年度	男性	獎金	女性	獎金
65	胡斐然	7,526,200 元	蔣珍如	1,689,200 元
70	張應龍	14,075,200 元	黃春華	2,665,800 元
75	趙志強	15,703,200 元	黃春華	________元
80	張應龍	29,814,300 元	陳彩霞	7,637,400 元

1. 誰是男性最高金額獎金得主？
2. 誰是女性最高金額獎金得主？
3. 張應龍 80 年度參加了 9 場比賽，平均每場贏得多少獎金？
4. 黃春華 70 年度參加了 6 場比賽，平均每場贏得多少獎金？
5. 黃春華 75 年度參加了 5 場比賽，平均每場贏得 560,470 元。這一年度，她共贏得了多少獎金？
6. 趙志強 75 年度贏得 6 場比賽，平均每場贏得多少獎金？
7. 陳彩霞 80 年度贏得 6 場比賽，平均每場贏得多少獎金？
8. 張應龍從 4 場比賽中贏得 14,075,200 元，平均每場贏得多少元？
9. 蔣珍如和胡斐然都是 65 年度贏得最多獎金的人，她在 4 場球賽中贏得這些獎金，平均每場贏得多少獎金？

答案：*1.* 張應龍　　*2.* 陳彩霞

3. 3,312,700 元　　*4.* 444,300 元

5. 2,802,350 元　　*6.* 2,617,200 元

7. 1,272,900 元　　*8.* 3,518,800 元

9. 422,300 元

單元 187

衣服的故事

1. 奎耀想將 4 件外套平均收入房中的 2 個衣櫥中，那麼每個衣櫥要放入幾件外套？
2. 呂太太買了 6 件洋裝給 3 個女兒，平均每個女兒可得到幾件洋裝？
3. 星耀要在 2 個盒子中平均裝入 6 件襯衫，那麼每個盒子要裝幾件襯衫？
4. 家豪將 9 條長褲平均放在 3 個抽屜中，請問每個抽屜可放幾條長褲？
5. 吳先生給 2 個兒子買了 6 件襯衫，平均每個兒子得到幾件襯衫？
6. 玲玲將 6 件洋裝平均放在 3 個盒子中，那麼每個盒子有幾件洋裝？
7. 黃太太將 8 條床單平均分配給 4 個女兒燙，那麼每個女兒要燙幾條床單？
8. 凱杰將 9 件毛衣平均放入 3 個盒子中，請問每個盒子中有幾件毛衣？

答案：*1.* 2 件　*2.* 2 件
3. 3 件　*4.* 3 條
5. 3 件　*6.* 2 件
7. 2 條　*8.* 3 件

單元 188

醫藥櫃

1. 佩芸的媽媽請她幫忙整理家中的醫藥櫃。媽媽說：「佩芸！要很小心喔！先將阿斯匹靈找出來放整齊。」佩芸找到了 3 瓶阿斯匹靈，她算了一下共有 222 粒，請問平均每瓶有多少粒阿斯匹靈？
2. 接著，佩芸檢查裝綜合維他命的藥瓶，發現共有 345 粒。如果她想讓爸爸、媽媽、哥哥志強、妹妹玉兒和她自己每人服用的數量相同，那麼平均每人可服用幾粒？
3. 因為妹妹玉兒經常割傷或抓傷自己，所以佩芸想要找找看有沒有 OK 繃。她找到了 4 盒共 136 片 OK 繃。如果佩芸想將所有 OK 繃平均放在各盒中，那麼每一盒該放入多少片？
4. 媽媽告訴佩芸可以用 723 元買 3 瓶洗髮乳備用，請問平均每瓶洗髮乳的價格是多少元？
5. 媽媽看醫藥櫃內的酸痛藥膏已經用完了，佩芸就跑去西藥房買了 4 條酸痛藥膏，共花了 396 元，請問平均一條需多少元？
6. 接下來佩芸找到了 2 條大條牙膏和 6 條小條牙膏。如果小條牙膏共 264 元，平均每條是多少元？
7. 在櫃子後方，佩芸發現了一個裝有 4 個燈泡的盒子，標價是 220 元，但特價價格是 128 元。她計算了一下，如果是以特價價格購買，平均每個燈泡是 34 元，請問她算的答案對嗎？
8. 有二盒腸胃藥在醫藥櫃中。一盒有 8 小包是 168 元，另一盒有 6 小包是 144 元。請問包數較少的那一盒中，平均每小包是多少元？

答案：*1.* 74 粒　　*2.* 69 粒

3. 34 片　　*4.* 241 元

5. 99 元　　*6.* 44 元

7. 不對（32 元）　　*8.* 24 元

單元 189

糖果屋

安安、美玲、文雄和小瑜一起來到娃娃糖果屋。美玲買了一盒 88 元的核桃酥，裡面裝有 8 塊核桃酥。安安買了一袋 189 元的水果軟糖，裡面裝有 9 包軟糖。此外，安安又買了 6 條口香糖共 48 元。

文雄想買下所有東西，但沒有那麼多錢，最後只好決定先買一袋 36 元 4 盒裝的巧克力花生冰淇淋，後來他又買了 4 個冰淇淋捲共 28 元。

小瑜還沒決定要買什麼東西，但她很喜歡牛奶糖和牛奶巧克力棒。她可以用 168 元買 8 盒牛奶糖，或 168 元買 8 條牛奶巧克力棒。後來，他們四人都被一個 488 元的巧克力兔子和 393 元的巧克力汽車給吸引。他們想了又想，難以決定他們該買下兔子呢？還是汽車？

1. 哪一種糖果最貴？
2. 美玲買的核桃酥一塊是多少元？
3. 平均一包水果軟糖是多少元？
4. 如果安安只買一條口香糖，他要付多少錢？
5. 一個冰淇淋捲是多少元？
6. 如果安安不想要巧克力汽車，那麼其他人平均要分攤多少錢才能買下巧克力汽車？
7. 一條牛奶巧克力棒是多少元？
8. 文雄買一盒巧克力花生冰淇淋花了多少錢？
9. 如果四人想合買一個巧克力兔子，平均每人要出多少錢？
10. 他們共看了幾種不同的東西？

答案：1. 巧克力兔子　　2. 11 元
3. 21 元　　4. 8 元
5. 7 元　　6. 131 元
7. 21 元　　8. 9 元
9. 122 元　　10. 9 種

單元 190

工作日誌

振宏、俊哲、雅夫和文強在中央航空餐廚部找到了一份打工的工作。每天放學後晚上 6 點到 9 點以及星期日全天是他們工作的時間，此外，每個月中有一個星期六他們也必須工作。他們的工作內容包括了準備東南亞各航線的午餐、晚餐和點心等。

振宏的工作是清點運送每個航次所有旅客的餐點飲料，俊哲和振宏是同一組的工作人員。雅夫和文強負責準備食物。

第一個星期六，振宏和俊哲送了 1,233 份餐點到 9 架飛機上。星期一，他們送了 736 份餐點到 4 架飛機上；星期二，他們送了 84 份餐點到 2 架小型的飛機上。星期三，餐廚部相當的忙碌，所以他們決定分開單獨作業。這天共送了 575 份餐點到 5 架飛機上。星期四，在他們上班途中，領班告訴他們今天會是一個格外忙碌的一天，因為所有班機都誤點了，他們必須加班一小時。這天他們共送了 1,236 份餐點到 12 架飛機上。

星期五是領工資的日子，大家就都不在意工作是多麼的繁忙。振宏領到了二個薪水袋。一個薪水袋中裝有 1,736 元，是星期六工作 8 小時的工資，其他人也領到了相同的工資；另一個薪水袋中則裝有星期一、二、三共 9 小時的工資。星期三以後的工資要到下個星期才能領取，這三天振宏共領了 1,953 元，其他人的工資也是和他的一樣。

1. 振宏星期一、二、三每小時的平均工資是多少？
2. 文強星期六每小時的平均工資是多少？
3. 星期六平均每架飛機送了多少份餐點？
4. 星期一平均每架飛機送了多少份餐點？

5. 星期二平均每架飛機送了多少份餐點？

6. 星期三平均每架飛機送了多少份餐點？

7. 如果每小時可運送相同數量的餐點，那麼星期四平均每小時送多少份餐點？

8. 共有多少人在打工？

答案：*1.* 217 元	*2.* 217 元
3. 137 份	*4.* 184 份
5. 42 份	*6.* 115 份
7. 309 份	*8.* 4 人

單元 191

速　讀

中正國中三年級學生速讀競賽成績揭曉了！

姓　　名	星期一	星期二	星期三	星期四	星期五
李大年	1,555 字	682 字	363 字	2,709 字	1,688 字
吳小英	1,050 字	448 字	936 字	2,709 字	2,084 字
楊彩娥	950 字	842 字	1,233 字	1,809 字	1,248 字
黃平一	2,055 字	804 字	999 字	981 字	2,484 字
張志華	1,500 字	440 字	963 字	1,881 字	2,444 字
時　　間	5 分鐘	2 分鐘	3 分鐘	9 分鐘	4 分鐘

1. 星期一李大年 5 分鐘讀了 1,555 字，平均每分鐘讀幾個字？
2. 星期三吳小英平均每分鐘讀幾個字？
3. 星期五張志華平均每分鐘讀幾個字？
4. 星期二楊彩娥平均每分鐘讀幾個字？
5. 黃平一想知道他星期五時平均每分鐘閱讀的字數，請你告訴他？
6. 比較吳小英星期一每分鐘平均的字數和李大年星期四每分鐘平均的字數，誰比較多？
7. 星期一黃平一平均每分鐘讀幾個字？
8. 吳小英星期五每分鐘平均讀幾個字？
9. 楊彩娥星期三每分鐘平均讀幾個字？
10. 星期三黃平一平均每分鐘讀幾個字？
11. 張志華星期一和星期二兩天共讀幾個字？
12. 星期五誰讀最多字？

答案：*1.* 311 個字　　*2.* 312 個字
3. 611 個字　　*4.* 421 個字
5. 621 個字　　*6.* 李大年
7. 411 個字　　*8.* 521 個字
9. 411 個字　　*10.* 333 個字
11. 1,940 個字　　*12.* 黃平一

單元 192

論件計酬

工資的計算方式有很多種，有的是以天數計算，有些是算鐘點，有些是採所謂「論件計酬」的方式，也就是根據「工作量」來計算。例如：電子零件的組裝通常是以工人所組裝的數量多寡來計算工資。

大通電子公司工資計算依據如下：

工作一	零件組合	每件 9 元
工作二	成品包裝	每盒 7 元
工作三	裝箱打包	每箱 4 元

大通電子公司工資發放統計表（單位：元）		
張阿智	星期一	星期三
工作一	2,223	1,485
工作二	1,365	1,652
工作三	932	1,100
李小平	星期一	星期三
工作一	3,609	2,133
工作二	357	1,176
工作三	732	580
楊小傑	星期一	星期三
工作一	1,638	3,276
工作二	-	1,134
工作三	2,976	260

1. 星期一張阿智組合了多少個零件？
2. 星期三張阿智組合了多少個零件？

3. 星期一李小平組合了多少個零件？

4. 星期三李小平組合了多少個零件？

5. 星期一楊小傑沒做哪一種工作？

6. 星期三楊小傑裝箱打包了多少箱？

7. 星期一楊小傑裝箱打包了多少箱？

8. 星期三李小平包裝了多少盒成品？

9. 星期三楊小傑包裝了多少盒成品？

10. 星期三張阿智裝箱打包了多少箱？

11. 星期一李小平包裝了多少盒成品？

答案：*1.* 247 個 *2.* 165 個

3. 401 個 *4.* 237 個

5. 工作二成品包裝 *6.* 65 箱

7. 744 箱 *8.* 168 盒

9. 162 盒 *10.* 275 箱

11. 51 盒

附錄

附錄 1 第四階段口語應用問題單元組織一覽表

計算程度	段落式應用問題		故事式應用問題		展示式應用問題		閱讀程度	單元主題
	不進退位	進退位	不進退位	進退位	不進退位	進退位		
一位數加法	1	2	3	4	5	6	簡單	各類
	7	8	9	10	11	12	複雜	
二位數加法	13	14	15	16	17	18	簡單	各類
	19	20	21	22	23	24	複雜	
	25	26	27	28	29	30	簡單	金錢
	31	32	33	34	35	36	複雜	
三位數或三位數以上加法	37	38	39	40	41	42	簡單	各類
	43	44	45	46	47	48	複雜	
	49	50	51	52	53	54	簡單	金錢
	55	56	57	58	59	60	複雜	
20 以下減法	61	62	63	64	65	66	簡單	各類
	67	68	69	70	71	72	複雜	
二位數減法	73	74	75	76	77	78	簡單	各類
	79	80	81	82	83	84	複雜	
三位數或以上減法	85	86	87	88	89	90	簡單	金錢
	91	92	93	94	95	96	複雜	

計算程度	段落式應用問題		故事式應用問題		展示式應用問題		閱讀程度	單元主題
	不進退位	進退位	不進退位	進退位	不進退位	進退位		
加減法混合	97	98	99	100	101	102	簡單	各類
	103	104	105	106	107	108	複雜	
一位數乘法	109	110	111	112	113	114	簡單	各類
	115	116	117	118	119	120	複雜	
多位數乘法	121	122	123	124	125	126	簡單	各類
	127	128	129	130	131	132	複雜	
加法減法乘法混合	133	134	135	136	137	138	簡單	各類
	139	140	141	142	143	144	複雜	
	145	146	147	148	149	150	簡單	各類
	151	152	153	154	155	156	複雜	
分數加減法	157	158	159	160	161	162	簡單	各類
	163	164	165	166	167	168	複雜	
百分比計算	169	170	171	172	173	174	簡單	各類
	175	176	177	178	179	180	複雜	
一位數除法	181	182	183	184	185	186	簡單	金錢
	187	188	189	190	191	192	複雜	

附錄2 段落式應用問題單元

單元51 小夏的小吃店

1. 小夏在賣出 37 個三明治之後，還剩下 63 個三明治，請問原先他有多少個三明治？
2. 小夏今天做了 17 個新鮮的蛋糕，現在他共有 21 個蛋糕，請問原先他有多少個蛋糕？
3. 陳先生在吃過 5 個包子後，還剩下 8 個包子在盤子上，請問陳先生原先有多少個包子？
4. 小夏在賣給張先生 6 公斤的砂糖和 4 公斤的烤牛肉後，還剩下 29 公斤的砂糖，請問小夏原先有多少公斤的砂糖？
5. 小夏將所有的小黃瓜分成 7 袋，每袋有 4 個小黃瓜，請問小夏共有多少個小黃瓜？
6. 午餐時間坐滿了 5 張桌子，空出了 13 張桌子，而每張桌子坐了 6 個人，請問共有多少張桌子？
7. 小夏買了 17 個新燈後，現在他共有 26 個燈，請問小夏原有多少個燈？
8. 午餐時客人吃了 26 盤沙拉後，還剩下 6 盤沙拉，而小夏下午決定再做 12 盤沙拉，請問午餐前有多少盤沙拉？
9. 苗先生向小夏買了 48 個蛋糕來開舞會，他現在共有 60 個蛋糕，請問他原先有多少個蛋糕？
10. 小夏剛做好了 14 個三明治，現在他共有 51 個三明治，請問他原先有多少個三明治？

---

1. 100 個　2. 4 個　3. 13 個　4. 35 公斤　5. 28 個
6. 18 張　7. 9 個　8. 32 盤　9. 12 個　10. 37 個

附錄 3 故事式應用問題單元

單元 129 嘉惠國小

嘉惠國小成立於民國 65 年，第一年有學生 724 人。校地共有 6247 坪，當時的地價，一坪是 2,845 元。到了民國 77 年，嘉惠國小的學生總數比民國 65 年增加了 3,708 人，教室也增加了 74 間，現在總共有 90 間。依照規定，嘉惠國小每四年便要換一次校長。民國 77 年時嘉惠國小有教師 143 人，連職員共有教職員工 172 人，其中有 15 位自然科教師及 12 位體育教師。每天早上全校師生都要到操場去升旗，每天在學校的時間總共有 9 小時，然後在下午 5 點放學回家。

1. 嘉惠國小開辦到今年有幾年的歷史了？

2. 在民國 77 年該國小共有多少學生？

3. 若現在的地價是每坪 9680 元，那麼每坪漲價多少元？

4. 嘉惠國小剛創立時有多少間教室？

5. 民國 77 年時全校師生共有多少人？

6. 所有教職員工中，既不是自然科老師，也不是體育科老師的有多少人？

7. 若在升旗前，有半小時的晨間自習，那麼小朋友要在幾點鐘以前到校？

8. 嘉惠國小每天早上幾點鐘升旗？

---

1. 以採用本教材教學的那一年減去 65

2. 4,432 人　　*3.* 6,835 元　　*4.* 16 間

5. 4,575 人　　*6.* 145 人　　7. 8 點

8. 8 點半

附錄 4 展示式應用問題單元

單元 146 運動用品店

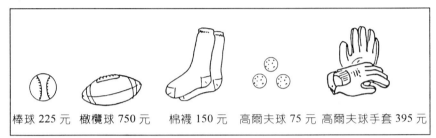

1. 哪些東西的價格少於 100 元呢？
2. 你原有 400 元，如果你購買了一個棒球和一雙棉襪後，請問你還剩下多少錢？
3. 棒球貴或橄欖球貴呢？貴多少？
4. 小丹在買了一雙高爾夫球手套、一雙棉襪和一個高爾夫球之後，仍剩下 480 元，請問他原有多少錢呢？
5. 味全棒球隊買了 24 個棒球及 3 盒棉襪，若每盒中都有 8 雙棉襪，請問共有幾雙棉襪呢？
6. 一個橄欖球比一雙高爾夫球手套貴多少錢呢？
7. 一個高爾夫球比一個棒球便宜多少錢呢？
8. 若你用 1000 元去買一個橄欖球，請問可找回多少錢？
9. 若你用 1000 元去買一個高爾夫球，請問可找回多少錢？
10. 若你有 498 元，請問還需再加幾元才夠你買一個高爾夫球、一雙高爾夫球手套及一個棒球呢？
11. 1000 元可買些什麼東西呢？
12. 小瓊原有 90 元而且每週又存了 100 元，請問他需存幾週才夠買一個橄欖球呢？

1. 高爾夫球　*2.* 25 元　*3.* 橄欖球貴，貴 525 元　*4.* 1100 元

5. 24 雙　*6.* 355 元　*7.* 150 元　*8.* 250 元

9. 925 元　*10.* 197 元　*11.* 橄欖球，棒球（有多組答案）*12.* 7 週

附錄 5 第四階段口語應用問題單元學習記錄表

學生姓名：　　　　　　　　評量日期：

1		31		61		91		121		151		181	
2		32		62		92		122		152		182	
3		33		63		93		123		153		183	
4		34		64		94		124		154		184	
5		35		65		95		125		155		185	
6		36		66		96		126		156		186	
7		37		67		97		127		157		187	
8		38		68		98		128		158		188	
9		39		69		99		129		159		189	
10		40		70		100		130		160		190	
11		41		71		101		131		161		191	
12		42		72		102		132		162		192	
13		43		73		103		133		163			
14		44		74		104		134		164			
15		45		75		105		135		165			
16		46		76		106		136		166			
17		47		77		107		137		167			
18		48		78		108		138		168			
19		49		79		109		139		169			
20		50		80		110		140		170			
21		51		81		111		141		171			
22		52		82		112		142		172			
23		53		83		113		143		173			
24		54		84		114		144		174			
25		55		85		115		145		175			
26		56		86		116		146		176			
27		57		87		117		147		177			
28		58		88		118		148		178			
29		59		89		119		149		179			
30		60		90		120		150		180			

【若通過題數達該單元總題數的 80 %以上者在空白處打勾。】

永然法律事務所聲明啟事

數學教育 24

口語應用問題教材—第四階段

作　　者：盧台華
執行編輯：陳文玲
執行主編：張毓如
總 編 輯：吳道愉
發 行 人：邱維城
出 版 者：心理出版社股份有限公司
社　　址：台北市和平東路二段 163 號 4 樓
總　　機：(02) 27069505
傳　　真：(02) 23254014
郵　　撥：19293172
E-mail：psychoco@ms15.hinet.net
網　　址：www.psy.com.tw
駐美代表：Lisa Wu
Tel：973 546-5845　　Fax：973 546-7651
法律顧問：李永然
登 記 證：局版北市業字第 1372 號
電腦排版：辰皓國際出版製作有限公司
印 刷 者：玖進印刷有限公司
初版一刷：2002 年 1 月

定價：新台幣 420 元

ISBN 957-702-490-4

國家圖書館出版品預行編目資料

口語應用問題教材：第四階段 / 盧台華著. —
初版. —臺北市：心理, 2002（民 91）
面；　公分. —　（數學教育；24）

ISBN 957-702-490-4（平裝）

1.數學—教學法

310.3　　　　　　　　　　　　90022898

讀者意見回函卡

No. ______　　　　　　　　　　　　　　　　　　填寫日期：　年　月　日

感謝您購買本公司出版品。為提升我們的服務品質，請惠填以下資料寄回本社【或傳眞(02)2325-4014】提供我們出書、修訂及辦活動之參考。您將不定期收到本公司最新出版及活動訊息。謝謝您！

姓名:____________________　性別：1□男 2□女
職業:1□教師 2□學生 3□上班族 4□家庭主婦 5□自由業 6□其他______
學歷:1□博士 2□碩士 3□大學 4□專科 5□高中 6□國中 7□國中以下
服務單位:__________________ 部門:____________職稱:__________
服務地址:__________________________電話:________傳眞:________
住家地址:__________________________電話:________傳眞:________
電子郵件地址：____

書名：____

一、您認為本書的優點：（可複選）

❶□內容 ❷□文筆 ❸□校對❹□編排❺□封面 ❻□其他______

二、您認為本書需再加強的地方：（可複選）

❶□內容 ❷□文筆 ❸□校對❹□編排 ❺□封面 ❻□其他______

三、您購買本書的消息來源：（請單選）

❶□本公司 ❷□逛書局⇨______書局 ❸□老師或親友介紹

❹□書展⇨____書展 ❺□心理心雜誌 ❻□書評 ❼□其他______

四、您希望我們舉辦何種活動：（可複選）

❶□作者演講❷□研習會❸□研討會❹□書展❺□其他________

五、您購買本書的原因：（可複選）

❶□對主題感興趣 ❷□上課教材⇨課程名稱______________

❸□舉辦活動 ❹□其他______________

（請翻頁繼續）

廣　告　回　信
台灣北區郵政管理局登記證
北 台 字 第 8133 號

（免貼郵票）

心理出版社股份有限公司
台北市106和平東路二段163號4樓

TEL:(02)2706-9505
FAX:(02)2325-4014
EMAIL:psychoco@ms15.hinet.net

沿線對折訂好後寄回

六、您希望我們多出版何種類型的書籍

❶□心理❷□輔導❸□教育❹□社工❺□測驗❻□其他

七、如果您是老師，是否有撰寫教科書的計劃：□有□無

書名/課程：________________

八、您教授/修習的課程：

上學期：________________

下學期：________________

進修班：________________

暑　假：________________

寒　假：________________

學分班：________________

九、您的其他意見

____

謝謝您的指教！

42024